読むパンダ

黒柳徹子・選
日本ペンクラブ・編

白水社

読むパンダ…………もくじ

第1章

パンダを愉しむ

第2章

パンダを知る

第3章 パンダを守る

装幀：天野昌樹
カバー・表紙写真：高氏貴博
帯写真：（公財）東京動物園協会
目次・章扉・本文イラスト：ヒサクニヒコ

第1章

パンダを愉しむ

北京の大熊猫

作家
浅田次郎

中国を舞台とした長編小説を執筆中である。

第一巻の刊行は一九九六年四月であるから、本年で二十一年目、しかも終わる気配はなくて、現在は第十四巻にとりかかっている。

言うのは簡単であるが、第一部『蒼穹の昴』を書いた私が四十三か四で、第五部『天子蒙塵』を書いている私が六十五か六なのだと思えば、たちまち「ライフワーク」とやらの重みがのしかかる。こうなると終わってしまうのが何だか怖い。

さて、二十年ごしの長編となれば、取材もなまなかのものではない。ごく単純に年二回平均として四十回、それに別件の講演や会議や文化交流事業などを加えれば、少くとも五十回以上は訪中している計算になる。

取材は多くの場合、まずいったんは北京に入る。物語は清国末から中華民国に至る動乱の中国を描いているので、北京は最も重要な場所であり、なおかつそこで数日を過ごすうちに、長い物語が喚起されて取材の準備が整う。しかるのち、潘陽だの天津だの西安だのと、取材の目的地へと向かう。そうした手順を踏まずに直接現地へと入れば、どうしても日本人の視点で中国を見てしまうからである。

ところで、私はケダモノが好きだ。どのくらい好きかというと、かつては犬猫しめて十四匹、さらには多くの小鳥、コウモリ等も加えて、家はさながら動物園のような有様であった。話はガラリと変わったようで変わっていない。前述の次第により、長く北京に親しんでいる私には、唯一訪れていない名所があった。北京動物園である。

行きたいのは山々だが、まさか同行の編集者のみなさんに、「パンダが見たい」とは言えぬ。しかも取材を重ねるごとに思いはつのり、一方で物語はいよいよ佳境に入って、とうてい言い出せなくなった。

ひそかにガイドブックで調べたところ、北京動物園は市内西城区西直門外にあり、常宿としている王府井《ワンフーチン》のホテルからもそう遠くはない。まあ、日比谷界隈のホテルから上野動物園に行くようなものであろうか。

しかし、取材期間中に勝手な行動は許されぬ。そして近いと思えてあんがい遠く、狭いと思えてあんがい広いのが中国なのである。失踪して混乱を招いたあと、「ちょっとパンダを見てきた」とはまさか言えぬ。

そこで一計を案じた。民国初期の古地図によると、すでに北京動物園は存在している。西隣りの紫竹院は運河で頤和園《いわえん》に通じており、かつて西太后はこのルートを使って、紫禁城と離宮を往還していた。つまり、その紫竹院を取材するついでに、北京動物園を見物すればよい。妙案である。

こうして私は、パンダのパの字も口に出さず、編集者のみなさんとあくまで紫竹院をめざし、その少し手前で「あっ、動物園がある。ついでに見て行こう」とか何とか言って、急遽タクシーを止めたのであった。

「もしかして、パンダとかいるんじゃないでしょうか」

いくらかうきうきした様子で、女性編集者が言った。

「パンダ？　ああ、パンダね。中国の動物園なんだから、そりゃあいるだろうよ」

だろうも何も、みやげ物屋はパンダのぬいぐるみに埋まっており、「熊猫館」なる大看板だって見えている。逸《はや》る心を宥《なだ》めつつ、私はゲートをくぐった。

パンフレットによると、北京動物園は清の光緒三十二年、西暦一九〇六年の開園。辛亥革命の五年前、西太后が没する二年前である。面積は上野動物園の六倍以上、多摩動物園のほぼ二倍だから、これはデカい。しかも北京の街なかである。

「熊猫館」は正門から近く、心を宥める間はなかった。しかし編集者のみなさんも相当に興奮していたので、私の計画はバレなかったと思う。

笹竹を食らうパンダをガラス越しに観察できるスタイルは上野動物園と同様であるが、さほど珍しくもないのか観客が少ない。というより、ほとんどいない。

現在はどうか知らないが、オリンピック以前の北京は国内からの観光客が少なかった。むろん、海外からの旅行者にとっての北京は見どころが多すぎて、とうてい動物園までは足が向かない。

というわけで、心ゆくまでパンダを見物し、「熊猫館」から出たとたん私は驚愕のあまり立ちすくんだ。

そこには、サル山ならぬパンダ山があった。ほかに言いようはない。サルのかわりにジャイアント・パンダがうじゃうじゃといる岩山である。

こればかりは、心ゆくまでというより、いくら見ていても飽くことがなかった。とうとう閉園時間まで粘り、紫竹院には行きそびれてしまった。

四川省や甘粛省の高山に棲むジャイアント・パンダが、閉園当初の北京動物園にいたかどうか、私は知らない。

もし飼育されていたならば、動物好きの西太后は、きっとひそかに訪れていたことだろう。紫竹院から頤和園へと向かう前に、「ついでに見て行こう」などと言って。

『たれぱんだ』誕生秘話

キャラクターデザイナー　末政ひかる

パンダについてのエッセイなのに、いきなりこう書くと身も蓋もないようですが、たれぱんだはパンダではありません。

一九九五年、私はやる気のなさそうな謎の生物を発見し、たれぱんだと名付けました。「触ると柔らかく意外としっとり」「275m／hで転がって移動」などの特徴があり、詳細は三冊の絵本に生態・生活・成長をテーマにそれぞれまとめて描き下ろしました。捕獲の方法や飼育時の注意点、自主トレに励む姿など、実はヤル気はわりとあるのに周囲には理解してもらえぬ哀しみ……などのたれぱんだ観察レポートです。

しかし、その色々な生態を明かしていく一方で、分裂で増えるという噂や地球の重力にミスマッチな体型から推察される宇宙飛来生物説などが浮上し、さらに謎は深まりました。好物のすあまにしがみついているポーズをよく観察するのですが、作者の私にも食べる口がどこに付いているのか未だよくわかりません。共に中国に生息し、パンダの名で親しまれるジャイアントパンダとレッサーパンダが分類学上は違う科に属するそうですが、たれぱんだも、体表の柄や雌雄の判別が素人には難しいなどパンダとの共通点は多いとはいえ……もしかしたら哺乳類ですらない可能性があります。

　生物学風にたれぱんだを紹介する洒落はここでちょっと置いておいて、本業のキャラクターデザイナーとして「たれぱんだ」が世に出た経緯を真面目に解説しようと思います。パンダが垂れるなんてどうして思いついたのか？　というのが私がよく受ける質問です。

きっかけは文具会社に勤務していたサラリーマン時代、シール商品十二種類の中の一つのデザインとしての発案でした。まだ入社一年未満で下積みの版下作業ばかりの新人デザイナーたちに手分けして与えられた小さい案件でしたが、上手くいけば自分の絵が描けそうでした。モチーフの動物はあらかじめ指定され、私はたしかウサギ、サル、パンダなどの担当に割り振られました。パンダ以外は先輩が作ったデザインの焼き直しだったので、自由に描けるパンダ枠にここぞとばかり気合が入りました。かわいいのやら元気なのやら色々と提案を試みますが、ボツをくらってばかり……結局、ヤケ気味に疲れ果てた気分そのままに描いたヤツがやっとこさ採用になりました。

シールは無事発売しましたが、他のキャラ同様、たれぱんだも特に話題に上ることなくそのまま忘れさられました。大流行が起こるのは二年ほど後の一九九八年になります。

デザイナーには日々の版下作成の他に、月一で新キャラ提案のノルマが課せられていました。私は古いファイルからたれぱんだを引っ張り出し、そのままじゃ手抜きがバレるのでリニューアルして社内コンペに再提出しました。元になったシールの性質上、太い線画だったものを、その当時チラホラ流通し始めていた3DCG要素を取り入れて立体的に表現したいと思い立ちました。が、私のパソコン技術の不足により、とりあえず手近にある鉛筆とパステルで陰影のグラデーションをコツコツ手描きしました。後に原稿がたくさん必要になった時は面倒な手法を選んでシマッタと内心悔やみましたが、まだ硬さが残る古い時代のデジタル表現で巷が飽和状態になってきて、逆にアナログの温かみが良い評価を受けたりしたもんだから後に引けなくなりました。

二回目の商品化の時も、六種のキャラが抱き合わせで作られる文具セットのうちのひとつとしてで、特段たれぱんだが期待されていたわけではありません。別枠に売れ筋として、つぶらな瞳とまつ毛がかわいいフワフワフェルトうさぎちゃんが用意されていて、他に予定されていたロボットのパンダが他社商品のネタと被ってしまったか何かの理由でボツになり、空いたパンダ枠に決定直前にたれぱんだが滑り込んだという塩梅《あんばい》でした。二十年くらい昔のファンシーキャラクターは、現代の感覚とは大分違うもっとスタンダードなシンプルな愛らしさがデザインの主流でした。何処《どこ》を見ているかよくわからない目でぐったりと横たわり、生死も判然としないなどと会議で揶揄《やゆ》されることもあったたれぱんだは、完全に異色でイロモノの扱いでした。自分自身も新人の頃とは違い、自分が個人的に気に入るモノはたいていてい一般婦女子ウケしないという自覚があったので、たれぱんだにも懐疑的でした。

ところがその文房具セット発売後間もなく、何故かたれぱんだだけに社外からライセンシーの引き合いが殺到しました。私個人にとって特に幸運だったのは、著者として個人の名前入りで自由に描いた絵本を出版してもらえたことで、その当時の商業デザイナーの立場では思いもよらないことでした。

今振り返ると、バブル後の不景気が重くのしかかる世間の空気の中で、余計に突出して見えるお祭り騒ぎとして思い出されます。それまではどちらかというと牧歌的な絵描きとして扱われていたキャラクターデザイナーがビジネス色の強い職業として評価・分析をされ始め、私も雑誌などのインタビューで売れるコンテンツの秘訣を教えて欲しいというような要望をされるようになりましたが、正直そんな秘訣があるなら私が知りたいです。

昨今のキャラクタービジネスと呼ばれるものには様々な体系があります。その中でも日本特有の文具や雑貨のデザインを母体に生まれてくるファンシーキャラクターと呼ばれるジャンルがたれぱんだの原産地です。この界隈は特に厳しい弱肉強食の世界で、気まぐれな子供たちのニーズに合わせ、目まぐるしいスピードで名も知られぬキャラ達が大量生産・大量消費され、シノギを削っています。癒し系とされるたれぱんだしかり、和む〜とか、カワイイ〜♡とか言われながら、老若男女のみなさんになでなでされているぬいぐるみの有名人気キャラクター達は、もれなく、名が通っている時点で過酷な闘いを勝ち抜いてきたサバイバーと言えます。

弱肉強食といえば、私はインターネットのない時代から、野生動物図鑑やサバンナのドキュメンタリー番組などをかじり付いて観る子供でした。職業柄、当然パンダ好きに違いないし小動物に目がないだろう、と人に思われます。そのとおり、パンダに限らず動物全般が大好きですし、十年程前に拾った子猫は太ましく成長した今も目に入れんばかりに溺愛しております。

けれどあえて一番好きな動物を挙げるならダチョウです。背中に乗って走り回る妄想を高校生くらいまで真剣にしていました。大型のダチョウが全力疾走すると一歩が五〜八メートルにもなるそうで、想像すると今もうっとりします。

パンダの写真集は『10パンダ』（岩合日出子著、岩合光昭写真、福音館書店、二〇〇七年）が出るまでは一冊も持っていませんでしたが、百獣の王のライオン同士が闘う珍しい姿が載った『おきて』（岩合光昭著、小学館、一九八九年）は貧乏学生時代にバイト料をはたいて購入し、背表紙が分解するほど愛読しました。

私の実在動物に対する好みはカワイイ系より圧倒的にカッコイイ系に寄っていて、強い・速い・デカいあたりが決め手のようです。ツイッターでは憧れのフィールドワークに従事する方を中心に生物学者さんをたくさんフォローしています。マイナーな珍しい動物まで世界中の画像映像がタダでいつでも見られて、なんと贅沢でありがたい世の中になったことかと思います。

こんな趣味ですから、実はたれぱんだを描く前は、かわいいと持て囃《はや》されるパンダに逆に興味が湧きませんでした。ネットも普及前で仕事に忙殺され、テレビを見る習慣もなくなっていたので、パンダ座りなど独特の仕草もよく知りませんでした。恥ずかしながらたれぱんだも資料写真などを全く参考にすることなくイメージだけで適当にデザインしたので、本物のパンダと違って安易に黒い尻尾をしています。

そんなたれぱんだの人気が海外まで広がってくれたおかげで、私は色々な国に出張に行かせてもらえたのですが、サイン会のため香港に呼ばれた時に、一度も本物を見たことがないと話したら、作者なのにカッコがつかないとか何とかで、現地の動物園に観光に連れていってもらえる運びになりました。

私は今さら本物のパンダを見ても、仕事に何らかの影響を受けることもなかろうとタカを括っておりました。テディベアは子供の友人として古い歴史を持つキャラクターですが、そのモチーフである動物の熊は森で出会いたくない猛獣のトップです。パンダもひょうきんな白黒模様はしていても、中身は熊の一種なのだからきっと大型動物の迫力でせまってくるに違いない、などと勝手な想

像でわくわくしていました。

ところが、初めて見る生パンダは……何というか、私にとっては予想を斜め上に裏切る珍獣でした。

初対面の時、パンダはちょうど食事中でした。腹を放り出して土手に寄りかかり、ほぼ仰向けのまま傍らに積んである笹を無造作に片手（前足）で摑んでは悠々と口に運び、むっしゃむっしゃと食べ続けていました。大きな個体でしたが大型動物というより、カウチポテト的自堕落なその姿はどう見てもオッサンのそれでした。私は思わず心の中で、「お前はたれぱんだか！」とツッコまずにはおれませんでした。

そういう気持ちにさせられたのはその時だけではありません。二〇〇〇年以降でしょうか、繁殖が難しいはずのパンダの赤ちゃんが中国の繁殖センターの成果で、十頭以上集合する画像が出回るようになりました。たれぱんだにも、たくさん並べたり積まれたりする場面が発売初期からあります。これは、〇〇ちゃんと固有名詞で名付けられるファンシーキャラクターが普通は同じ場面に重複して登場するのを避けるのと違って、たれぱんだという単語が動物の種を表す普通名詞なので、飼い主はペットに名前をつけるように自分のたれぱんだを好きに呼べますし、多頭飼いも自然です。たればんだが集合している場面はその特徴がよく分かるので雑貨の柄などに好んで使っていました。集合する本物のパンダの赤ちゃん達は動画で見ても地面に散らばったままモゾモゾしてるかほとんど寝ていて、「何だお前らそのたれ具合そのまんまじゃねえか！」という感想が口をついて出ます。しかもそのキュートさときたら心臓鷲掴み級の破壊力を持ち、吸引力の点でたれ集団のほうの敗北をちょっと認めざるを得ない悔しさも手伝って、私は二重の苦しみにのたうち回りながら、ついつい動画の再生を繰り返す羽目になってしまいます。

最近ではこのエッセイを書くにあたり何の気なしに「パンダ」「転がる」でググってみたら、またもや……！　という検索結果の前でうな垂れてしまいました。成長して太い四つ足を持つにいたっても、どう見ても喜んで積極的にゴロゴロ地面を転がって遊ぶパンダの動画がたくさん出てきます。今では信じてもらえる自信がありませんが、たれぱんだの移動方法を転がることにしたのは完全にフィクションです。事実は小説より奇なりってやつです。これから初めてたれぱんだを知る若い人は、私が本物のパンダを詳しく観察して作ったと思うでしょう。実際は、誰も思いつかない面白おかしい突飛な生き物を空想力で生み出したつもりが、現実のパンダに後から実写化を次々に見せつけられているというのが真相です。客寄せパンダなんて言葉もありますが、人種や国を超えて愛を引き寄せる神のデザインの前で、たかが人間のクリエイターの私にはなす術がありません。多種多様な美しい自然に、芸術家が恩恵を受け、畏怖を抱くのは普遍的な話ですが、こんな美術の端っこのキャラクターデザイナーも例外ではないのでした。

パンダもたれぱんだも、これから先もずっと守ってくれる人達に愛されて、でも本人達は人間の思惑などそっちのけで、そのキャラクターのまんま自由にのんびり生き続けて欲しいと思います。

クマネコと書いてパンダとは……

漫画家・イラストレーター　ヒサクニヒコ

かつては食肉目と言われた分類が、最近はネコ目と呼ぶようになっている。その分類に従うと、ジャイアントパンダはネコ目クマ科ということになる。漢字表記の大熊猫は、名は分類を現わす、だったのだ。といったようなことはともかく、とにかくパンダはかわいい。無条件にかわいい。あまりのかわいさにどうしたらいいのか戸惑うほどだ。

そんなわけで、かつてパンダが日本に来たころは、パンダのあまりのかわいさに、心の中の棚に飾っておくような、高貴な深窓のお嬢様のような、あこがれるけど縁の無いような、僕にとってそんな不思議な存在だったのである。その不思議な壁が取れたのが、何十年か前、中国を訪れた時のことだった。上海の動物園で見たジャイアントパンダによって、不思議の壁がガラガラと崩れ去ったのである。

柵越しの広い放飼場に放されていたパンダが僕の方に走ってきた。なんと泥まみれ。斜面では転がるし、小さな鳴き声まで上げてくれた。日本でガラス越しにご対面する、きれいなぬいぐるみのような座り込んだままの御姿と全く違う。

「パンダって、普通の動物じゃん！　泥だらけになって遊びまくるんだ！　しかもかわいい！」

パンダを心の中で棚の飾り物としていた壁が消え去った瞬間だった。生活感のある普通の動物としてのパンダが、深窓から出てきてくれたのだ。

そんなパンダにもっと会いたくて、旅仲間十人くらいで四川省の臥龍《がりゅう》にあるパンダ保護研究センターに行ったことがある。本来の目的地は、もっと奥地にある四姑娘《スークーニャン》という四千メートル級のチベット高原はずれの絶景地だったのだが、その途中に無理やり臥龍に寄ってもらったのである。仲間の半数ぐらいは「パンダなんて女子供のアイドル（なんと差別的な！）じゃないか」とあまり興味を持たなかったのだ。

臥龍は険しい渓谷沿いの道路をくねくね曲がりながら山を登っていく。ちょうどキャベツの出荷シーズンで、荷台にキャベツを満載したトラックと次々とすれ違う。トラックからこぼれ落ちたキャベツが車に潰され、道路が緑色になっていたのが印象的だった。そんな山道にぶつぶつ言っていた仲間が、臥龍に着いたら一変した。かつての上海動物園での僕と同じショックを受けたのだ。

なにしろ臥龍には赤ちゃんから大人まで、たくさんのパンダが、普通にわんさかといるのである。子供のパンダたちは、まるで幼稚園の庭みたいに広い放飼場で自由に遊んでいる。遊具までである。駆けたり登ったりじゃれ合ったり。これはたまらない。あのかわいいだけというイメージのパンダが目の前で遊びまくっているのだ。

パンダにそんなに興味がないと言っていたおじさんやおばさんが、たちまち虜になってしまった。目的地の四姑娘に着く前に、ショップで売っていたパンダのぬいぐるみが荷物の中に山ほど住み着いてしまったほどである。ショックだったのはその翌年、臥龍や四姑娘が、あの四川大地震に見舞われたことだ。現地からの悲惨な映像に、見覚えのある所が写るたびにうめき声をあげてしまった。今は、パンダも含めて元気に復興していると聞いてほっとしている。

ところで、パンダはなんであんなにかわいいのだろうか。あのかわいい白黒の模様はどうして誕生したのだろうか、

臥龍のパンダ保護研究センターにて。左手の人差し指をパンダがしっかりと握りしめている。

単なる進化の偶然なのだろうか、興味は尽きない。クマの仲間の体の色や模様をみると、白だけのホッキョクグマは、氷原での迷彩効果が顕著だが、ほかのクマ類はほとんどが黒か茶色系、住んでいる環境を考えると至極まっとうな体色だ。クマ以外に目を広げると、白と黒の組み合わせはシマウマやマレーバクなどに見ることができる。おなじみの乳牛ホルスタインや、イヌやネコにも見ることができる。

家畜や品種改良されたイヌネコは置いておいても、例えばマレーバクは、熱帯雨林の中でコントラストの強い光と影の背景に溶け込んでいて、体の輪郭がつかみにくい。シマウマのシマ模様の効果についても、諸説があるのだが、肉食動物の攻撃に対しての攪乱効果が大きい。じっさいにサバンナでシマウマの群れを見ていると、忍び寄るライオンに気が付いて群れがパニック状態になると、一斉に駆け回るシマウマのシマ模様が、相互に作用して、狙った獲物がどっちに向かっているのかわからなくなる。シマも体の前後で縦横が変わっており、立ち上る土煙も手助けして相当に効果的だ。ほかにもシマ模様が熱帯の吸血虫ツエツエバエに対しても予防効果があるという実験結果もある。

いずれも長い進化の中で、環境にあった体色や模様をまとっていった結果だ。じゃあパンダはどうしてあんなにかわいい模様になったのか、どんな進化の力が働いたのか、実はよく分かってないのである。高山地帯の環境の中、竹を食べるために特化したパンダ。座ったかわいいポーズは手を使って竹を食べるためだし、手のひらも竹を持ちやすいように進化している。体も大きく敵にも襲われにくい。体の模様だけをみると、高山の雪に合わせてホッキョクグマのように白くなろうか、いつか下界の森に戻るために黒いままでいたほうがいいか、迷った結果の折衷案にも見えてくる。地球が温暖化していったら森に戻り黒になる、寒冷化して雪景色になったら白くなる、その両方の地球の未来に備えているのではないか、これが僕の仮説である。そして一番肝心のかわいさの肝は、目の周りの黒い部分だろう。デーゲームの野球選手が目の下に墨を塗るように、高山の強い紫外線を防ぐためとも思えるけれど、実は人類に対して「パンダを守って！　野生動物を保全して！」と訴えるために進化したメッセージパターンなのではないかとひそかに思っている。

大切な忠告

演劇作家・小説家　岡田利規

俺には人生に対する基本姿勢がひとつはっきりあって、それはなにかというと、ひとりの人間に与えられた生の時間というのは限られている、とても短い、だからその限られた短い時間は自分にとって大事なことのためだけに割く、そのことに常に意識的でいよう、重要度の高くないことがらに貴重な時間を割いている暇はない、そうしたことを余儀なくされるような事態を招かないよう日頃から慎重でいよう、というものだ。

とにもかくにも、余計なことで時間やエネルギーを浪費するわけにはいかないのだ。その基本姿勢に基づいて俺が実践していることの例を、ひとつ挙げると、俺は独身である。この先もずっとこのままのつもりでいる。結婚すること家族を持つことは、俺にとっては、人生における最重要事項ではない。最重要事項ではないということは、すなわち原理的にいえばそれは、俺の人生のできるだけ多くの時間とエネルギーを最重要事項に注ぎ込むことの妨げになり得る、ということだ。だからそんなことはしない。

結婚、ということに持ち込まれそうになる事態がこれまでの人生、俺にも幾度かあるにはあった。だがそれを周到に斥《しりぞ》けてきた。自分に好意を向けてくれている人の感情に正面から向き合い、かつそれに対して拒絶をしなければならないというのは、とても疲れることだ。くわえてこの社会は、うざったくてこの上ないことに、三十代になって結婚しないでいるとなんとなく、不遇な人、みたいに見做《みな》されやすく、そしてその不遇に手をさしのべてあげたいという善意を向けられやすい。

好意や善意に抗することは、悪意に抗するのよりもずっと多大なエネルギーを要する。悪意に抗する際には怒りをエネルギーに変換すればよいから簡単だ。だが好意や善意に抗する際は、自分が大切にしている人生における基本姿勢を守りたい、という意志だけをエネルギーにするしかないのだ。その場の感情は使えない。そんなことをしたらむしろ、相手の好意や善意をありがたく受け入れてしまいかねない。己の意志の強さだけが問われる。それは試練だ。こんなことならばいっそのこと、せっかくこんな自分に好意・善意を向けてくれる人がいるのだし、それは受け入れたほうが、それに抗うためのエネルギーを費やす必要がなくなるぶん、人生の貴重な時間を重要度の低いものに割くという事態はかえって少なくなるのではないか、とうっかり考えてしまいそうになるときもある。意志が弱くなってしまうときが、俺にだってあるのだ。

しかしそういうとき、うかうか友人や同僚に相談するわけにはいかない。彼らの善意は、俺が大切にしていることを尊重したうえで忠告を与えてくれるわけではなく、むしろ反対に、俺の意志の揺らぎにつけ込んで、俺の基本姿勢に変更を迫ってくるからだ。それは俺が求めているものではない。意志が弱くなってしまっているときに俺が求めているのは、俺の基本姿勢を肯定してもらうことだ。それによって、意志をふたたび立て直すことだ。相談相手は、慎重に選ばなければいけない。

俺が頼りにしている女性占い師がいる。自分の心が少し弱っているなと感じたとき、俺は彼女のもとを訪ねる。占い師の忠告を本気で聞いてるなんて、とからかわれることもあるが、俺に言わせればそんなふうに俺のことを嗤《わら》える輩は、自分の生きる方針をつくりそれに従う、という孤独で険しい作業を自らに課すことなく、風潮や気分に流されるままのんべんだらりと生きているだけに違いない。自分で方針を決めて生きることを明確に実践している人間だけが、真に占いを必要とするのだ。それを恥ずかしいとは俺は全然思わない。

その女性占い師は、俺の人生の基本姿勢を尊重してくれている。それをむやみに褒めそやすわけではないが、改めさせようなんて真似は絶対にしない。

彼女はこれまでに俺にいくつかの貴重な忠告を与えてくれた。その中でももっとも俺が大切にしている忠告がある。

ぱんだニハ決シテ近ヅカナイコトジャ、というのがそれだ。

アンタニトッテ、ぱんだハ危険ジャ。ぱんだノイル場所ニ行クコトハモッテノホカ。ぱんだノ画像ヤ動画ニ自分カラあくせすスルヨウナコトモ、控エルベキジャ。クレグレモ、ぱんだノ危険サヲミクビッテハナラヌ。ソレハ命トリニナル、アンタノ身ヲ滅ボスゾヨ。コレマデアンタガ一所懸命ニ守ッテキタモノ、大事ニシテキタモノヲ、ぱんだハ一瞬デフイニシテシマウゾヨ。

俺の人生の最重要事項をパンダが脅かすということですか？

ソウジャ。

俺は意志の強い人間です。実際これまでその意志を貫き通してきています。

モウイチド言ウゾヨ。ぱんだヲミクビッテハナラヌ。人間ニ対シテ貫キ通セテイルカラト言ッテ、ハタシテアンタハぱんだニモ貫キ通セルカナ？　悪イコトハ言ワン。ぱんだニハ決シテ近ヅカナイコトジャ。

※この作品はフィクションです。

パンダを描いてみたい

漫画家　ヒガアロハ

私が漫画家になるだいぶ前のことです。街中で徐々にパンダのポストカードなどを見かけるようになって、本物のパンダがすごく可愛いということにあらためて気づきました。子供の頃に上野動物園でパンダを見ているのですが、人が多かった記憶だけであまり覚えていません。いつのまにか、パンダといえばデフォルメされたイラストが思い浮かぶようになり、想像上の生き物っぽくなっていたのです。そんなところからの、パンダ再発見でした。

動物園までパンダに会いに行ってみたら、タレ目の顔が可愛いのはもちろんのこと、体の白黒柄のバランスも絶妙だし、動きもなんとも言えずユーモラスで、ずーっと見ていられます。「このパンダのリアルな可愛さを絵で再現できないかなあ」と思いました。でも私は絵の勉強をしたことがなかったので、この時は自分で描こうとは考えませんでした。

それからしばらくして、小さなカットを描く用事があって、パンダとシロクマを初めて描いてみました。ここでなぜシロクマが加わったかというと、パンダと同じ理由で、リアルな絵で見てみたい動物だったからです。

シロクマは長い首がチャームポイントだと思うのですが、そこを押さえたイラストが当時はまだとても少なかった。茶色いクマのような丸いシルエットに、色だけが白いというシロクマが多くて、私は首の長いシロクマの絵をとても見たかったのです。

そして、実物に近いフォルムで描いたパンダとシロクマは、わりと周囲に好評で、「リアルめな動物の絵が好きなのは、私だけじゃ

『しろくまカフェ』©ヒガアロハ／集英社

ないんだ」という手応えがありました。

　そのうちに、「漫画なら自分でも描けるかもしれない」と思いついて、二〇〇五年の夏に『しろくまカフェ』というショートコメディを描きました。シロクマがやっているカフェに、常連客のパンダくんがやってきて、言葉遊びのダジャレを言い合うという漫画です（私は関西人なのでボケる会話が好きなのです）。シロクマはカフェエプロンが似合いそうというところから、舞台をカフェにして、パンダはボケ役のお客さんにしました。

『しろくまカフェ』

　完成した漫画はものすごく下手だったけれど、念願のパンダとシロクマが描けて、自分としては満足でした。これを漫画雑誌に投稿したら、小さな賞をいただいて、幸運なことに掲載もしていただけることになりました。そして、そのまま連載が始まりました。

　連載当初は、ひたすらパンダとシロクマを練習する日々でした。動物園で写真を撮って来て、本物の彼らと自分の絵とのギャップを少しでも縮められないものかと試行錯誤しました。パンダは股関節を外側にパタンと開く不思議な座り方をしますが、これを描くのが難しい。わざと短足に見せているような脚の黒い柄も、形を把握するまで時間がかかりました。動物の口の中を描くのも好きなんですが、可愛い動物に牙を描いたら読者に引かれるかなと思っていたら、逆に面白がってもらえたりしました。

私はパンダの目をほとんど描かないので、「なぜ目がないの?」とよく質問されます。理由は、目の周りの黒い隈を、私たちが「タレ目」と捉えているからだと思います。実際のパンダはかなりツリ目で、眼光も鋭いですよね。もしパンダの目を可愛らしく描こうとしたら、目の部分は創作することになり、ぐっとキャラクターっぽくなってきます。私はリアルな姿からあまり離れたくなかったので、目は描かないことにしました。

『しろくまカフェ』のパンダくんは、動物園でパンダのアルバイトをしています。週二日だけです。これはパンダがまるで、人間が期待するパンダを〝やってあげている〟ように見えたところから考えました。開園中は食っちゃ寝していても、閉園時間になったらタイムカードを

『しろくまカフェ Today's Special』2（集英社刊）

押してサクッと帰りそうな気がしませんか？　動物園の動物たちが、じつは職業として気ままに働いているんだったらいいな、という気持ちもありました。

『しろくまカフェ』の漫画を読んだり、アニメを観たりした子供たちが、動物園のパンダやシロクマに「パンダくーん」「シロクマさーん」と話しかけていたという話を聞いた時は、本物の動物と漫画のキャラクターを自然に重ね合わせてくれているんだなあと、とても嬉しくなりました。連載を続けてもう十一年になりますが、「動物の魅力を平面に再現したい」というマニアックなこだわりだけで、続けて来られた気がします。できればもっと上手く描けるようになりたい……今もまだ模索中です。

『パンダコパンダ』——宮崎駿と私の仕事の原点

アニメーション映画監督　高畑勲

私はまだパンダがあまり知られていなかった一九五〇年代半ば、フランスで出版されたイーラの動物写真集『けものたち』（*Des Bêtes*, Photographiées par Ylla, Texte de Jacques Prévert, 1950 Le point du jour NRF Gallimard）に出会いました。それは動物たちの表情とたたずまいを見事に捉えた動物の肖像集でした。そのなかに、ペアのパンダが三葉あったのです。パンダに魅せられた私は、当時ロンドンの動物園で人気だったパンダの写真集『チチを紹介します』（*Introducing CHI CHI the lovable giant panda*, Heini and Ute Demmer /Erich Tylinek Spring Books London）も入手、以来、まだ見ぬパンダに憧れていたのですが、一九五八年の暮れ、日本初の総天然色長編漫画映画『白蛇伝《はくじゃでん》』（監督・藪下泰司）が封切られます。じつはその二ヶ月前、私はこの映画を作った東映動画に入社が決まっていました。ドキドキしながら映画館へ『白蛇伝』を見に行くと、なんとパンダが出演していたのです。なりは小さくポケッとしているが、いざとなると怪力を発揮、蘇州の動物愚連隊をユーモアたっぷりにやっつけてしまう。その場面はじつに楽しく今なお見飽きません。問題はキャラクターの模様が間違っていて、パンダの胸の毛が上まで白一色で黒くなかったことです。残念。

そして時は過ぎ、一九七二年、沖縄本土復帰、日本初の大型写真集『PANDA パンダ』（奥井俊史著、大和書房）の出版、そして秋には日中国交正常化。中国からカンカンとランランが贈られるや、たちまちパンダブームに火がつき、映画界でも急遽キワモノ企画を立ち上げ、年の暮れには東宝が『パンダコパンダ』（監督・高畑勲、脚本・宮崎駿）、年明けには東映が『パンダの大冒険』（監督・芹川有吾）を封切ります。しかしじつは、『パンダコパンダ』の企画を宮崎駿と私が立案したのは、その年の夏頃で、決してパンダ来日を当て込んだものではありませんでした。こんなもの当たるわけはないとボツになっていたのです。それが日の目を見るというのですから、理由はなんであれ、こちらは大喜び、短期間でがむしゃらに制作しました。

『パンダコパンダ』には、なかなか実現できなかった私たちの思いが詰まっています。もう一人のアニメーター小田部羊一とともに、前年、テレビシリーズ『長靴下のピッピ』を作るために私たちは長年のすみか東映動画を退職したのです。ところが、原作者のリンドグレーンが最終的なＯＫを出してくれなくてたちまち頓挫。短期間だったとはいえ、全精力を傾けて私たちが準備してきたすべて、三人の野心や思いが一杯詰まったイメージボードも、キャラクター図も、方針書も、すべてがフイになってしまいました（二〇一四年に岩波書店より『幻の「長くつ下のピッピ」』として出版）。

私たちの野心・思いとは、一口で言えば、子どもの心をパァーっと解放する映画をつくりたい。『長靴下のピッピ』を原作にすればそれが可能ではないか、ということでした。

子どもの日常生活の中に突然「お客さま」がやってくる。「お客さま」は世界一力持ちの女の子でも、泥棒さんでも動物でも、あるいはお化けでもいい。それで生活が一変し、毎日がわくわくする日々になる。こんなことが起きたらどんなに楽しいだろう、面白いだろう。見ているだけでニコニコしてしまう。

そう、私たちは上機嫌の映画を作りたかったのです。ただ見るだけで楽しく、どんな意味があるのか、など考えないで、ああ面白かったと心から言えるような映画を自分たちも見たかったのです。

『パンダコパンダ』の企画がほんとうの企画になったのは、もちろん「パパンダ」を宮崎駿がドーンと持ち込んだからです。あのパパンダは、見ただけですぐにトトロを思い出します。じつにすばらしい「お客さま」です。彼がずっとあたためていた「所沢のお化け」がパパンダになり、またトトロになった。一方で、赤いお下げ髪のミミ子ちゃんが、親もいないでただひとり竹藪の中の洋館に住み、炊事洗濯からなにから大人の手を借りずにすべてを見事にやってのける、というのは、『長靴下のピッピ』のピッピそのもの。ミミ子もピッピも、じつは現実にはありえない日常への「お客さま」なのです。

『パンダコパンダ』
©TMS

「お客さま」は人物とは限りません。二作目の『パンダコパンダ　雨ふりサーカスの巻』では、大水が出て、世界が一変します。これもすばらしい「お客さま」です。透きとおった水に万物が浸されたら、どんなにわくわくするだろう。こんなことがあったらどんなに楽しいだろう、素晴らしいだろう、ということを日常を壊さないまま映画に持ち込んだらどうなるだろうか。

私たちにとって『パンダコパンダ』二作を作ったことは、大きな冒険であり楽しい実験だったのですが、当時はテンポが速く刺激の強いスポーツ根性ものやロボットものばかりで、会社の人は、企画をボツにしたときとあまり変わらず、こんなにのんびりしたものが当たるはずはないと思っていたようでした。しかし、おそるおそる足を運んだ映画館で、子どもたちは集中して見入り、笑い、楽しみ、「パンダ・パパンダ・コパンダ！」と歌ってくれたのです。私たちはどんなに嬉しかったことか。

『パンダコパンダ』は、それ以後の私たちの仕事の原点となりました。

熊猫家族

作家　温又柔

以前、台湾の雑誌インタビューで、好きなジブリ映画を三つ挙げてください、と問われて、『となりのトトロ』、『魔女の宅急便』、『パンダコパンダ』です、と答えた。取材は日本語で行われたのだが、雑誌には中国語で載る。掲載誌が届き、自分の発言に目をとおしていたら、『パンダコパンダ』は『熊猫家族』と訳されている。

『大熊猫小熊猫』じゃないんだ！　と驚きながらも、なんと素敵な意訳でしょう、と感心した。特に、家族、というのがいい。

よく知られたことだけど、中国語でパンダは、大熊猫、dàxióngmāo という。

つまりパンダとは、熊と猫があわさった、大きな動物。

しかもその体は黒と白のツートンカラー。

そんな容貌のいきものが、愛くるしくないはずがない。

何を隠そう、私もパンダに魅了されてやまない一人だ。きっかけは、『パンダコパンダ』だと思う。

アニメーション映画『パンダコパンダ』は一九七二年の作品なので、私はまだ生まれていなかったし、結婚前だった両親も日本にはいなかった。

私たち一家は、その約十年後に台北から東京に移り住んだ。

たぶん、ホアンホアンの子・トントンがすくすくと育ちつつあるのを日本中が喜んでいた頃に再放送されたものを録画したのだと思う。

幼稚園から帰ってくると、一歳の妹と『パンダコパンダ』を見たおぼえがある。

パンダ、パパンダ、コパンダ……と弾むリズムが愛らしいあの陽気な主題歌を、姉妹でぴょんぴょん飛びながら歌う。竹やぶに囲まれた赤い三角屋根の可愛らしいおうちで一緒に暮らす大きなパパンダといたずらっこのパンちゃん、そして小さなママであるミミ子ちゃんのおはなしを、私も妹もとても気に入っていた。

「素敵！　最初のお客さんがパンダちゃんなんて」

ミミ子ちゃんはそう言って、おいしそうな竹やぶにつられて自分の家に迷い込んだ小さなパンちゃんを歓迎する。パンちゃんを探しにやってきた大きなパパンダのことも、もちろんミミ子ちゃんは喜んで迎え入れる。

「ところで、お嬢さんのご両親に挨拶しなくては」

パパンダに聞かれたミミ子ちゃんは、そんな必要はないわ、わたしにはパパもママもいないの、と答える。もうずっと前からこれがあたりまえなのよとばかりにとても軽やかに。パパンダは、パパがいない？　うーむ、それはいけない……そうだ！　わたしがあなたのパパになりましょう、と提案する。ミミ子ちゃんの顔がぱっと輝く。

「素敵！　私、一人でいいからパパが欲しかったの。そのかわり、あたしはパンちゃんのママになってあげる」

今度はパンちゃんが飛びあがる。

「わーい、ママだ、ママだ」

「ありがたい、パンはいつもママを欲しがっていたのです」

こんなふうにして、パンダの親子は、ただのお客さんではなく、ミミ子ちゃんの家族になったのだ。パパンダのことを「パパ」と呼び、パンちゃんには「ママはここよ」と優しく告げる。そんなミミ子ちゃんと、ママができて喜ぶパンちゃんを同時に抱きかかえながら、パパンダはしみじしみと呟《つぶや》く。

「これは、すばらしい。実にいい。特に、竹やぶがいい」

パパンダはミミ子ちゃんのパパで、ミミ子ちゃんはパンちゃんのママ。ちょっと風変わりな家族構成だけれど、とうの三人にとっては、実にすばらしいのだ。どんなに突拍子のないことも、自分にとって喜ばしいこととして受けいれるミミ子ちゃんとパパンダ親子の暮らしっぷりには、あかるいやさしさが溢れている。

パパンダとパンちゃんのおはなしに夢中な娘たちに、ほんもののパンダを見せてあげようと思ったのだろう。父はある日、上野動物園に私たちを連れて行ってくれた。もちろん母も一緒だ。

トントンやホアンホアンと〝会う〟ためには、とても長い行列に並ばなければならなかった。雲一つない、よく晴れた空を覚えている。

ほんもののパンダは、ほとんど見えなかった。でも私は、ちっともがっかりしなかった。パンダよりも、生まれて初めて買ってもらったソフトクリームの味に感動していた。

あれから三十年近くが過ぎた今も、私たち姉妹はパンダに魅了されっぱなしだ。

動物園のこと覚えてる?　と聞くと、わたしはトントン見たよ、と妹が言う。そうだった。妹は父に肩車してもらっていた。父は、私のこともパンダが見えるところまで抱きあげようとしてくれたのだが、私のほうが照れてそうされることを拒んだのだった。父は、きみがいいというのならいい、と笑っていた。むかしからそうだ。父は、どんな些細なことでも娘たちの意思を尊重した。私たちが、うんと小さかった頃からずっと。日本で暮らす日々が長引くにつれて、私たちが日本語しか喋らなくなっても、「これがこの子たちには自然だから」と、しかたのないこととしてあきらめる調子ではなく、自分の子どもたちが日本の社会にちゃんとなじんでいることをむしろ喜ばしいことだと誇ってくれた。母は母で、やっぱり自分にとってもっとも自然なやり方だからと、台湾語まじりの中国語と日本語で私たちに話しかける。三つのことばが飛び交う少々風変わりな言語環境かもしれないけれど、この家で私も妹ものびのびと育った。

「考えてみたら我が家の暮らしっぷりも、ミミ子ちゃんとパパンダ親子の家と似たようなものかもね！」

姉妹でそう笑い合っていたら、ゴンシャミティアーボ（何言ってるんだか）と呆れる母の台湾語と、楽しそうなのは良いことです、と言う父の日本語が聞こえる。来日直前、独学で猛勉強した父は、娘の私たちが相手でも、「ですます調」が基本の、とても丁寧な口調で、ゆっくりと日本語を話す。そんな父の口調を、私と妹はパパンダにそっくりだと常々思っている。

私が最初の小説集を刊行したときのこと。

「きみの本はすばらしいです」
父はそう言ってから、表紙にある『来福の家』の文字を示して
「特にタイトルがいい」
にかっと笑ってみせるのだ。パパの正体はパパンダかもしれない、と前置きしてからそのことを報告したら、妹はけたけたと笑いながら、案外そうかもしれないよ、とうなずく。いずれにしろ、私たち姉妹にとって最愛のパンダが（父によく似た）パパンダであることは絶対にまちがいない。

毎日パンダ二〇〇〇日

パンダウォッチャー　高氏貴博

たまたま上野公園をぶらぶらしていたら、目の前に上野動物園があって、なんとなく年間パスポートを買って、なんとなくパンダを見て……、二〇一一年八月十四日から始まったパンダ通いが、まさか休まず二〇〇〇日も続くことになるとは夢にも思っていませんでした。

これまでにも小さい頃に何度かパンダを見てきたはずだし、大人になってからも見ているはずなのですが、どういうわけだか記憶にも写真にも残っておらず、実質的には今のリーリーとシンシンが初めて出会ったパンダです。その第一印象はというと、メスのシンシンが大きなお尻をデーンと突き出して寝ているダイナミックな姿が実にユニークで面白い！　かわいいよりも先に面白いビジュアルが目に飛び込んできたのが今日まで続くきっかけになったのだと思われます。かわいいのは当たり前、さらにもう一歩先を行くキャラクター性というかスター性というか、大人をも魅了するツボがたくさんあるのがリーリーとシンシンです。笑っているように見えたり、怒っているように見えたり、たまに変顔《へんがお》だったり、そんな豊かな表情がたまらなく愛おしい。まるっとゆるゆるなスタイルは赤ちゃんに見えるときもあれば、おじさんに見えるときも。そしてものすごくデカイ。おじさんが一人入っているくらいのサイズ。食べたいときに食べて、寝たいときに寝て暮らす彼らを見ていると、日々せわしなく仕事に追われていることを一瞬忘れさせてくれ、パンダののんびりした時間に浸ることができます。この時間がまさに至福の時。とってもとっても癒やされます。

だけどパンダの寿命は人間の三分の一ほど。のんびりしているように見えても、我々の三倍のスピードで時間が流れています。よく見たらとても早く竹をバリバリ、葉っぱをむしゃむしゃ。食べ物がなくなったらすぐに催促。呼吸もやけに早い。あれ、よく見たら生

シンシンの桃尻。

き急いでいる？　自由気ままに生きていて羨ましいと思える生活も、ちょっと見方が変わってきます。寝ている時間も大切だけどガヤガヤうるさくないかな、たくさんの視線に囲まれてストレスになっていないかな、きっと静かに暮らしていたいよね。本来なら山奥でひっそり暮らしているはずのパンダたち。その貴重な生活の一部を、私たち人間の学習や癒やしのために分けてもらっているという思いで、日々感謝しながら眺めていきたい！　ありがとうパンダ！

そんなリーリーとシンシンとの付き合いも二〇〇〇日。*五歳で来園したリーリー・シンシンもいまや十二歳。人間の歳で三倍だとすると三十六歳くらい。まあまあいい大人です。

最初に出会った二〇一一年は震災の年で、暗いニュースばかりでしたが、たくさんのお客さんを笑顔にしてくれたのがリーリーとシンシンでした。上野は空前のパンダブーム。毎日三十分から一時間待ちの行列が普通で、まだあどけなさが残るリーリーとシンシンの可愛さと人の多さに酔いしれていました。翌二〇一二年はなかなか難しいと言われている自然交配をすんなりこなし、妊娠、出産。パンダの繁殖って案外トントン拍子なんだという印象でしたが、まさか一週間で赤ちゃんが死んでしまうなんて。記者会見で土居利光園長（当時）が見せた涙は、パンダの繁殖の難しさ、たくさんの職員さんの苦労と悲しみの現れだと感じました。二〇一三年も自然交配をしてくれたものの、人間で言うところの想像妊娠である偽妊娠《ぎにんしん》という現象で赤ちゃんは生まれず。しかし二年連続で自然交配をするくらいなので相性の良さは間違いないはず。ところが二〇一四年、一五年、一六年と強い発情を見せず、交配に至ることはなく、「また来年の春までおあずけだね、ドンマイ！」という年が続きました。パンダの発情期は短く、お互いのピークが合わなければ翌年まで見送られます。それでもうまくピークが合う保障はありません。交配をしても偽妊娠の可能性があります。生まれてもすぐに死んでしまうこともありました。そんな難しいパンダの出産が年単位で見送られていくことを、お客さんの立場からすればただただ見守ることしかできず、焦る気持ちも出てきます。もしかしたら仲が悪くなっちゃったのかな、体調が悪くなっちゃったのかなという不

2013年３月15日のシンシン（手前）とリーリー。

安な気持ちも。人工授精という話も出てきました。ところがところが、二〇一七年春、とっても久しぶりに自然交配の末、二頭が結ばれました。次のハードルは妊娠か偽妊娠か。六月に入るとドキドキのカウントダウンです。生まれるとしたらそろそろ、生まれなければ偽妊娠。お客さんも上野の商店街も、きっと職員さんたちも、息を潜めて待ち望んでいます。期待がピークに達した六月十二日、待望の第二子を出産！ 街中が喜びに沸きます。しかし一週間とも一ヵ月とも言われる安定期に入るまでは油断できません。結果、最後のハードルといえる期間を乗り越え、赤ちゃんパンダ、シャンシャンが家族に加わりました。

リーリーとシンシンとともに過ごしてきた二〇〇〇日間。これまで上野のパンダといえば、なんといっても赤ちゃんが生まれるかどうかが話題の中心でした。そしていまではシャンシャンの日々の成長が楽しみに加わりました。雨の日も風の日も、大雪の日も台風の日も、これからもずっと上野パンダズを暖かく見守っていきたいです。

＊二〇〇〇日は開園日にパンダを見た日数で、休園日は含みません。

パンダの賀状

作家
出久根達郎

年賀状の図案は、パンダに限る、と決めたのは六年前である。

二〇一一年の干支《えと》は、卯《う》であった。兎の年である。兎をモチーフにした図案を考えたが、面白い案が出てこない。干支を離れて頭をひねっているうちに、正月に関する事柄なら、大抵めでたいことに気がついた。

松竹梅といい、良きことに用いる。三種のうち竹は、中国で竹葉《ちくよう》といい、お酒のことである。わが国で酒を「ささ」と呼ぶのは、この竹葉からきているらしい。酒のささを好むのは飲んべえに限るが、竹の笹を好むのはパンダだけである。

そこでパンダが足を投げだして、笹を横ぐわえしている図を描いた。年賀はがきいっぱいに、パンダの姿だけ描いた。余白に、こう記した。

「パンダのエサは笹。人間の正月はササ（酒）」

パンダは体が白で、両眼が黒い垂れ目である。雪ダルマ、あるいはお供え餅のように、二つの楕円形を重ねて描き、黒の垂れ目をつければ、簡単にパンダができあがる。白と黒の二色の賀状では地味すぎるので、笹に緑色の絵の具を施し、文言をマンガの吹き出しにして、ここにはピンク色をのせた。

自分で言うのも何だが、大変しゃれた年賀状に仕上がったのである。知友の評判もよかった。気をよくして、賀状の図案は毎年パンダにしようと決めた。

ところがこの年はご存じのように、東日本大震災が襲った。翌年の年賀状は取りやめた。その翌年も休んだ。

パンダの絵を再開したのは、二〇一四年の午年《うま》からである。パンダと、大人気のご当地キャラクター、熊本の「くまモン」を並べて描いた。こんなセリフをつけた。「今年はくま年でなく、ウマ年だってさ、恥かいちゃった」「馬鹿モンだね、君は」「パンダって？」

何だって？　の地口だったが、通じない人が多く、私の独りよがりだった。

二〇一五年は羊年である。パンダが両足を投げだし、「えんこ」している。竹をくわえながら、そのまま仰向けになる、その姿を足の方から描いた。片仮名のハの字に開いた両足が、羊の角のように見える。そこに「パンだ」と一言記した。パンの字に「牧羊神」と振り仮名を入れた。

ギリシャ神話で、牧畜の神をパンという。ヤギの脚と角、そしてヒゲの姿の神で、わが国では牧羊神と訳され、詩歌で親しまれている。パンダが自分はパンだよ、と自己紹介しているという駄洒落である。これもこれもあまり受けなかった。無理もない。牧羊神をパンと知らないかたには、面白いはずがない。

これを反省し、二〇一六年の申年《さる》には、パンダの背に乗った猿だけを描いた。そして二〇一七年酉年《とり》には、今度はパンダの背に乗っているのは、チョンマゲの少年にし、「真田十勇士の一人、猿飛佐助」と説明した。猿飛佐助の、例によって駄洒落である。前年に好評を博したNHKの大河ドラマ「真田丸」にちなんだ。

以上の内容のエッセイを、本年の正月三日に、NHK・FMラジオの「クロスオーバーイレブン」という番組が朗読放送した。

するとリスナーから、ファンレターが届いた。

私の文章のファンでなく、パンダのファンというかたである。私のパンダ賀状をいただけないか、というお願いであった。何でも、パンダの絵や写真はもとより、パンダに関する物はすべて集めているそうであった。

私の年賀状など、別に価値のあるものではない。入り用ならお安い御用だが、以前のものは残っていない。今年と昨年の賀状は、受け取り人不明で戻ってきたものが二、三葉ある。ただし原図が揃っていたので、コピーして希望者におくってあげた。コピーなので彩色してありません、と断った。

パンダファンから、早速、礼状が届いた。こんなことが記してあった。おっしゃる通り、パンダの絵は誰にも手軽に描ける。絵心の無い者にも、丸に黒い垂れ目さえ忘れなければ、パンダとわかる。動物の中で、パンダくらい簡単に描けるものは他に無い。

そしてこれが重要なことだが、誰が描いてもパンダだけは、上手下手は関係なく可愛くできあがる。

イラスト：潤マリー

以前、自分は「笑顔で世界に平和を」という運動を起こした。皆が笑顔でいれば戦争は起きない。これをパンダの絵でやってみようか、と考えている。皆でパンダを描く。その絵を見せあう。人の目の触れる所に掲げる。世界中をパンダの絵で埋める。パンダの絵を見て戦争を考える人がいるだろうか。

上野動物園のシンシンに赤ちゃんが生まれた。すくすくと育っている。名前は「香香」（シャンシャン）と決まった。昭和の初めごろ、「トテシャン」という言葉が学生間に流行した。ドイツ語のシャン（美人）からで、「トテ」は「とても」「とてつもなく」の略である。シャンシャンは「トテシャン」のようで、名前にふさわしい。父のパンダの名はリーリー。明年は戌《いぬ》年、ワンワンである。パンダ親子に犬の年賀状。私は今、絵に添える駄洒落の文句を、真剣に考えている。

第2章

パンダを知る

対談

日本にパンダがやってきた（一九七二年）

黒柳徹子（日本パンダ保護協会名誉会長）×中川志郎（元上野動物園飼育課長）

パンダがだめならコウノトリ

黒柳　田中（角栄）総理が中国へいらしたときに、上野動物園ではパンダが来るだろうなんぞということは、予想していらっしゃいましたか？

中川　予想というか、最初そもそもの始まりは、二年半ぐらい前かな、そのころにはコウノトリが日本で絶滅しそうだということで、コウノトリを中国からもらって、日本のコウノトリと、かつてはおそらく渡ったんだろうけれども、コウノトリが絶滅しそうだ、じいさん、ばあさんで、繁殖の可能性が薄いということで、中国から若いやつを連れてきて、もう一度日本の血統を絶やさないで、コウノトリを増やしたい。

そういうことで、コウノトリをほしいという手紙を出したのです。そのときは、ほんとうはパンダがほしかったんだけれども、パンダといってもたいへんな動物だし、そう簡単にもらえるものじゃないし、ほかの動物でわたりをつけよう、コウノトリで一パツかましておこうというわけですよ。なかなか返事がこなんいだ。待てど暮らせど。

たまたま社会党の訪中団がいきまして、一年ぐらいたってからかな、そのときに、あの返事はどうなっているか聞いてほしい、できればパンダのことを聞いてほしいといったのです。それが今年の五月だったか、返事がきまして、コウノトリは差し上げますけれども、ただし大熊猫については、いまだ機が熟さない。条件が整っていないから、もう少し待ってほしいという返事がきてたのです。

まんざら可能性がないわけじゃないなと思ったけれども、そのうち総理が行ったでしょう。国交回復があってパンダが来たということで、国交回復ということが、機が熟すということではなかったかと思ったのですけれども。

黒柳　いよいよ中国で、パンダをあげますというニュースを、動物園では、どんなふうにお受けとりになりました?

中川　ぼくは飯食ってたんです。なんの気なしにテレビを見てたんです。そうしたら二階堂さんが、チラとへんなことをいったわけですよ、大熊猫がどうのこうの……。びっくりして、ぼくはまちがいじゃないかと思った。

それから食堂から園長室へとんでいったんですよ。そしたら園長もまっ赤な顔して。（笑）来るぞ、というわけだな。それで、次の瞬間から、動物園の交換台はマヒしちゃったわけですよ。ワアーッと各社から電話が入ってね。今度こういうことになったけれども、どうするんだとか、受け入れ準備はどうだとか、飼育に自信があるかとか、ワアッときたわけだな。態勢ができてないからね。

まだそんなに早く来ると思わないから、一種の興奮状態というか、パニック状態だね。全体が。そういう状態が一日中続いたね。一日中というよりも、翌日もそうだった。翌日になったら、記者がパッと来たわけだな、電話じゃなくて。それで一日中ガタガタした。そのときにうちの園長の浅野さん、今度定年でやめられましたけれど、あの人、割合に冷静な人なんですよ。一度パニック状態が終わったら、「来たらどこに入れるの」ということでね、「飼育は大丈夫なの」と聞かれたわけですね。それは上野へ来るとか、一切ない時点だけれども、来る可能性はあるわけですよ、今までの例をみても。それだけ調べてほしいということで、それから寝る時間がなくなっちゃったわけですよ。できる限り文献集めるということですね。それから集めた文献を、みんながわかるように直してみるとか、もう一つは、自分が経験したパンダのチチのことを見直すとか、来たらどこへ入れようか、入れる場合に、いろいろ条件があると思うので、そういう条件は満たせるだろうか。

それから、新しいオリは、どこにどういう形のものを、どうつくるかということで、それからだいたい五日間ぐらい、そういうことに費やしたわけですよ。

黒柳　ご自身としては、うれしかったですか？

中川　もう、最初、来るということに関しては、ほかへ行くなんて、頭になかったわけですよ。来ると思ったわけだな。すごくうれしかったですね。というのは、パンダ飼ってみたいなというのは、動物手がけているものは誰でも思うことなんですよ。

夢が実現したんです

黒柳　あれほど飼ってみたいものはないでしょうね？

中川　あらゆる動物に関係している人というのは、そうじゃないですか、夢ですよ、一つの。それが、ほんとに現実のものになった。それから次の瞬間は、ほんとに来たらどうしようかという戸惑いみたいなものが若干ありました。

今だから言うけれど、そのときはぜったい大丈夫だなんて言っていたけど（笑）、ありましたよ、ほんとにね。たった一週間、飼育係について飼っただけの経験しかない。うちの動物園の飼育のほとんどのものは見たこともない動物でしょう。三十年、四十年の飼育経験もってる人、たくさんいますけれども、パンダについてはまったく素人です。

もう一つは、ほかの動物はだいたい類推できるんですよ。たとえばヒョウがまったくはじめて来るとしても、トラとか、ほかの動物とそんなに変わらない。オオカミが来るにしても、ほかの犬科の動物とそんなに変わらない。そういう類推できるものが、たくさん蓄積されているわけですね、上野動物園、九十年の歴史があるから。

パンダというのは、食肉獣でありながら、竹を食って生きている動物で、こういうのは、類推するものがないんだな。これ飼ったことがあるから、同じようなものだろうと言えないわけですよ。新しいといっても、まったく違う新しさがあるわけですよ。それがいちばん現実の心配というか……。

黒柳　文献と、一か月飼ってごらんになった違いはありましたか？

中川　すごくありますね。

黒柳　いちばん大きい違いは？

中川　たとえばある文献は荒唐無稽なんです。ほんとうのレポーターが書いているのですが、メスは笹を食べるとか、オスは竹を食べるとか、竹の幹というのは小指大程度までしか食べないということが書いてあるわけですけれども、実際には、メスもオスもどちらも竹も笹も食べるし、ぼくが見たのでも、いちばん太いのは二・六センチの茎を食べています。今の二歳と四歳のパンダで。したがって、ぼくはもっと成長したら、三センチ以上のものを食べると思います。

黒柳 ランランとカンカンが二・六センチのを食べたわけですか。あんなちっちゃくても?

中川 バリバリ食べますよ。鋭利な刃物で切ったみたいに食べますもの。そういう意味では文献と全然違うということですね。

もう一つ、これも実験的に、やって違うなと思ったのは、感覚ですね。これは一般的には、パンダというのは嗅覚がいちばんいい。その次が聴覚、もっとも悪いのが目であるという一般の説があるんですよ。それは中国からついてきた堵さんという人も、それに近いことを言っていましたけれどもね。

ぼくは一か月飼って、今、一日二十四時間、夜中まで観察しているわけですよ、獣医と飼育係で。一週間は四人ずつおりましたから。今は獣医一人、飼育係が一人、徹夜でやっているわけです、観察を。

黒柳 ワシントンでも、ずいぶん観察をしていると言ってました。

中川 そういう観察をもとにして考えると、どうも違うようだという気がするのですね。

実験的にいろいろやってみるのですが、鼻はけっしてよくないですよ。動物学的にみても、ああいうフラットな顔をしている動物というのは鼻がよくない。イヌにしても、ネコにしても出ているわけですよ。あれは平べったい顔してるでしょう。ああいう動物で鼻がいいというのは、おかしいなという気がしたのです。たとえば砂糖キビがものすごく好きなんですよ。竹と砂糖キビと取替えてやってみると、区別ができないです。竹を砂糖キビだと思って、パッととるわけですね。ガリッと噛んで、砂糖キビでないというので捨てる。

黒柳　捨てるというのは、竹が嫌いというのじゃなくて……？

中川　砂糖キビのほうが好きなんです。

黒柳　チチは砂糖キビ嫌いだったんですってね。

中川　個体によって違うと思いますね。うちのやつは両方とも好きですね。チチが嫌いというのはおかしいと思うけどね。甘いものが好きで……。

黒柳　チョコレートは好きだと書いてありました。

中川　チチのある時期かもしれない。一生砂糖キビが嫌いだとは考えられない。それで、笹をたくさん置くでしょう。その下に砂糖キビを入れて、探せるかどうか実験してみると、探せないんですね。鼻はよくない。

そのかわり悪いと言われている耳は、すごくいいです。これは、彼らの生活、耳によっているんじゃないかと思いますけれども。というのは、耳は自由に動くということです、音のほうに。これはいい耳をもっている証拠なんです。もう一つは耳カクが大きい。外耳が大きいですね。中に毛も生えているんですよ。自由に動かしながら、聴音機のようにやるわけですね。もう一つは、実際に音を聞かせてみて、彼らが非常に気になる音とか、安心するという音を、ぜんぶ区別するわけですよ。

たとえば食器がガタンというと上からおりてくる。飼育係が「ランラン」とか「カンカン」とか呼べばサッとくる。ほかの者が呼んでもこない。聞き分けていますね。それから、突然の金属性の音が嫌いなんですよ。たとえば、飼育係が夜観察していて、まちがってコンロをけとばして、キーンという音がしますと、今まで食べてた砂糖キビを、ポロッと落とすのです。そのくらい鋭敏なんです。だから耳はすごくいいのです。ものすごく悪いのは目だけです。

耳はいいけど目と鼻はダメ

黒柳　近眼だそうですね。

中川　十メートル離れると、さだかでないですね。

黒柳　鼻も悪くて、目も悪くちゃ、相当に見極められませんね。

中川　と、思いますね。ぼくは思うんですけれども、なぜ鼻が発達してないのかということなんですけれど、四川省のあの環境で、鼻が発達する必要がないんじゃないかという気がするのです。

というのは、鼻が発達した動物というのは、相手を襲うか、襲われるか、どっちかなんです。襲う場合は臭いをかぎつけることですし、襲われるようなら、早く敵の存在を知るということです。その両方とも、四川省のあそこにはないんですね。で、自分の食べるものが、鼻で嗅ぎ分けるものであれば、発達しなければならないし、いくらでも食物があるわけですから、鼻で探す必要ないわけです。

黒柳　よく言われる天敵、敵がいるかどうかということですが、そうすると、怖い動物はいないんでしょうか?

中川　天敵ということが、来る前から話が出てて悩まされました。ヒョウがいるのにどうかとか、ぼくはあえて反応しなかったのです、事実が証明すると思って。新聞にも出てたし、週刊誌にも取り上げられたけれども、ほんとうに天敵がいて少なくなるような動物だったら、もういませんね。

可能性としてはありうるけれども、遭遇するという可能性は、まずほとんどないと言っている学者がほとんどです。たまたまあそこへ行ったこともないような学者がそういうことを書いてるんです。ぼくも読んだけれども、ほんとうに信頼できる学者のレポートにはそんなこと書いてない。可能性としてはあるけれども、遭遇する機会はまずないだろうと。

黒柳 事実、トラの声を聞いても、怖がりません？

中川 トラが吠えたら驚いちゃって、木に登って一週間降りてこないとか、いろいろ言うわけですよ。一か月たったら死ぬだろうとか、いろいろ言われましたけれども。

黒柳 私はすごく上野動物園を信頼していました。きっと、皆さんもわかってあそこへお入れになったんだから大丈夫、怖がらないと思ってたの。

中川 あそこへ入れるためにはいろいろ調べたわけですよ。モスクワのアンアンは、トラと鼻を突き合わせて十年間いたんだし、あれもトラのオリなんだ。トラの声を聞くたびに食欲がなくなって、ノイローゼになるということは動物では成り立たない。トラの声を聞けない動物なんて、ないもの。

黒柳 チチも横にライオンがいるんですよ。猛獣舎ですもの。チチの向こう側にヒョウがいて、喘息にかかってるようだ、と私は思うんですけれどもね。みんながチチのほうへいくでしょう。動物というのは嫉妬するということがあるんですか。みんながチチのほうにいくものだから、感情を害して、ワーンと吠えるの、すごい声で。喘息だから「ウォーホンホンホン」て、長いの。可哀そうで、しばらく見ててやったんですよ。そんなに怒らないで、怒らないでと言ったんだけど、この前行ったときは、隔離されていませんでした、オリがあいていましたけれどね、可哀そうに。

中川　みんな夕方になると吠えるんですよ、ライオンもヒョウも。だけどぜんぜん気にしない。大丈夫だと思ったけど、そういうことを言ってくださる方もいて、しかし、動物というのはわからないですよ。ほんとうにそういうことがあるかもしれないし、絶対ないとは言えない。

それが動物のむずかしさなんです。〇・一％の確率でそういうことがあっても、いかんということがあるわけですから、あえて反対しなかったんですけれども、中国の人に最初にそれを聞いたんです。ここはトラが入っていたし、前にヒョウもいる、どうでしょうか。それは問題ではないというので、安心したんですよ。

実際にそうです。それほど敏感な動物じゃないですね、そういう意味では。もうひとつ、それと関連して違うと思うのは、あれは知能程度が低い、バカだという論があるのですね。新聞にも書いてあったけど、いろいろ本に書いてあるけど、けっしてバカじゃないですね。

ちょっと見オバカさん実はオリコウ

黒柳　私も学者じゃないけど、いろいろ調べて、けっしてバカではないと、思ってましたけどね。バカに見えるけどね、間が抜けているみたいに見えるから。

中川　近眼だということと、動作が不器用だということでバカに見えるので、けっしてバカじゃないんです。たとえば何時ごろエサがきて、どこから入るかということもすぐ覚えてしまうし、名前だって覚えて入ってくるし、もうひとつ利口だと思ったのは、遊びを発明することができるということですね。これはたいへんなことなんですよ。

彼らがボールで遊んだということはあるんですけど、天井から吊るしたタイヤで遊んだということはないんですよ、世界の文献を見ても。それをカンカンはいろいろな遊びを発明してるんですよ、タイヤを使って。それを見てもけっしてバカじゃないですよ。ぼくは最近力説しているんだけどみんながバカだ、バカだ言うから、パンダに代わって、バカじゃないと言ってるんですがね。

ほんとにバカじゃないですよ。もちろん、チンパンジーとか、ゴリラに比べればそれほどの知能はないですよ。でも、バカだ、バカだ言われるほどバカじゃない。

黒柳　私がいろいろなところで見たパンダについて言う限り、絶対バカじゃないですね。なにか、意志があってやっているように見えるのです。どうですか。

中川　そうですよ、非常にそうです。

黒柳　自分で面白いことを次々に考え出すんです。たとえば、ワシントンのリンリンは、とっても桶《おけ》に入るのが好きなんですよ。竹を植えた桶があるんですけど、男の子はきれいにしてるんだけど、女の子はひっこ抜いて、泥だらけにしちゃう。ぜんぜん性格が違うんです。

カラにした桶のなかへ、自分が入ろうとするの。ずいぶん長いこと、それやってました。おしりがつっかえて入れないのね。二十分か三十分、桶で遊ぶの見ていると。つぶされたりしながら、自分で発明するんだなと思いましたよ。

中川　そういう動物というのは高いですね、知能程度は。

黒柳　中川さんはロンドンで、チチを飼育なさったんですか。

中川　一週間ですね。

黒柳　それは、そういう目的のためにいらしたんですか。

中川　パンダのために行ったわけじゃないけど、東京都というところは優雅なところで、「西ヨーロッパに出張を命ず」というので、一年くらいいたんですね。

ロンドンの動物園には三か月です。イギリスには五か月いましたけれども、あとはヨーロッパの動物園をほとんど回って、最後にスイスのバーゼルという動物園で三か月、それからアメリカへ回って……。

黒柳　何年までですか。

中川　六九年です。チチは、三年前です。

黒柳　アンアンといっしょにいたときですね。私もそのときいたんですけど。

中川　ぼくが行ったときにいっしょにいて、もうだめだと言ってました。ぜんぜんこっち向いちゃって。

黒柳　それで、日本へパンダが来ると決まってから、トラのオリを改造なさったり、たいへんでしたか、トラの臭いなんていうのは。

中川　それはさっき言ったように、気にはしませんでしたけれども、いちおう、念のためにぜんぶ消毒しました。病気の点もありましたから消毒したんですよ。

もう一つは、表のほうは、おそらくいっしょにならないだろうというので、まん中を仕切ってガラスで二つにする。もう一つは、音が嫌いだろうということもありましたから中からガラス張ったわけですね。トラの場合は金網ですから、そこにガラス張ったんですね。

黒柳　金網を張った中にガラスがあるわけですね。あの金網と鉄の棒はトラのため、ガラスはパンダのために……。中は、表の音は聞こえないんですか、パンダ自身の耳には。

中川　聞こえるんですけど、言葉としては聞こえないんですよ。ワーンという騒音みたいな形で……。

黒柳　あれは池とか、築山とか、ステキにできてるんですね。

中川　最近、非常に慣れて、よく遊ぶようになりました。

黒柳　私、四日に拝見したんですけれども、カンカンのほうはよく水の中へ入りますね。何度も何度も。あれはこっちからみると、岩がありますでしょう、温泉みたいに。どのくらいの深さですか。

中川　五十センチです。

黒柳　アラ、そんなですか。あの子、頭から落っこちるんですね、ザブッと。

おデブのランラン自由がきかない

中川　ちょっと深すぎるので、浅くしましたけれども。ランランのほうは、あれほど体が自由にきかないでしょう、肥っちゃっているから。

黒柳　いま、何キロですか。

中川　いまは計ってないけれども、来たときにはランランは八十八キロ、カンカンは五十五キロでしたけどね。

黒柳　年は二つ違いですか。

中川　ランランは一九六八年生まれですからね。片方は七〇年生まれです。

黒柳　というわけで、動物園ではパンダを迎えることになったわけですけれども、二十八日のパンダ、どんなでしたか。

中川　その日、着いたのが六時四十分ですか、羽田へ。ぼくはトラックへいっしょに乗って行ったんですけれども……。

黒柳　ゆっくりでしたねえ。三十キロから三十五キロですって。

中川　あれは検疫を、飛行機のそばでしちゃって、そのまま動物園へ運んじゃうというスタイルですから。着いて、ドアが開かれたときに、スッとんでいったわけですよ、健康状態を見なければいけないし、もし、へんなことになったらたいへんですから。シートをかぶって、見えないようになってるんですね。シートをはずしたら、今でもよく覚えているんですけど、甘酸っぱい匂いがパッときたですね。あれはパンダの匂いなんですよ。

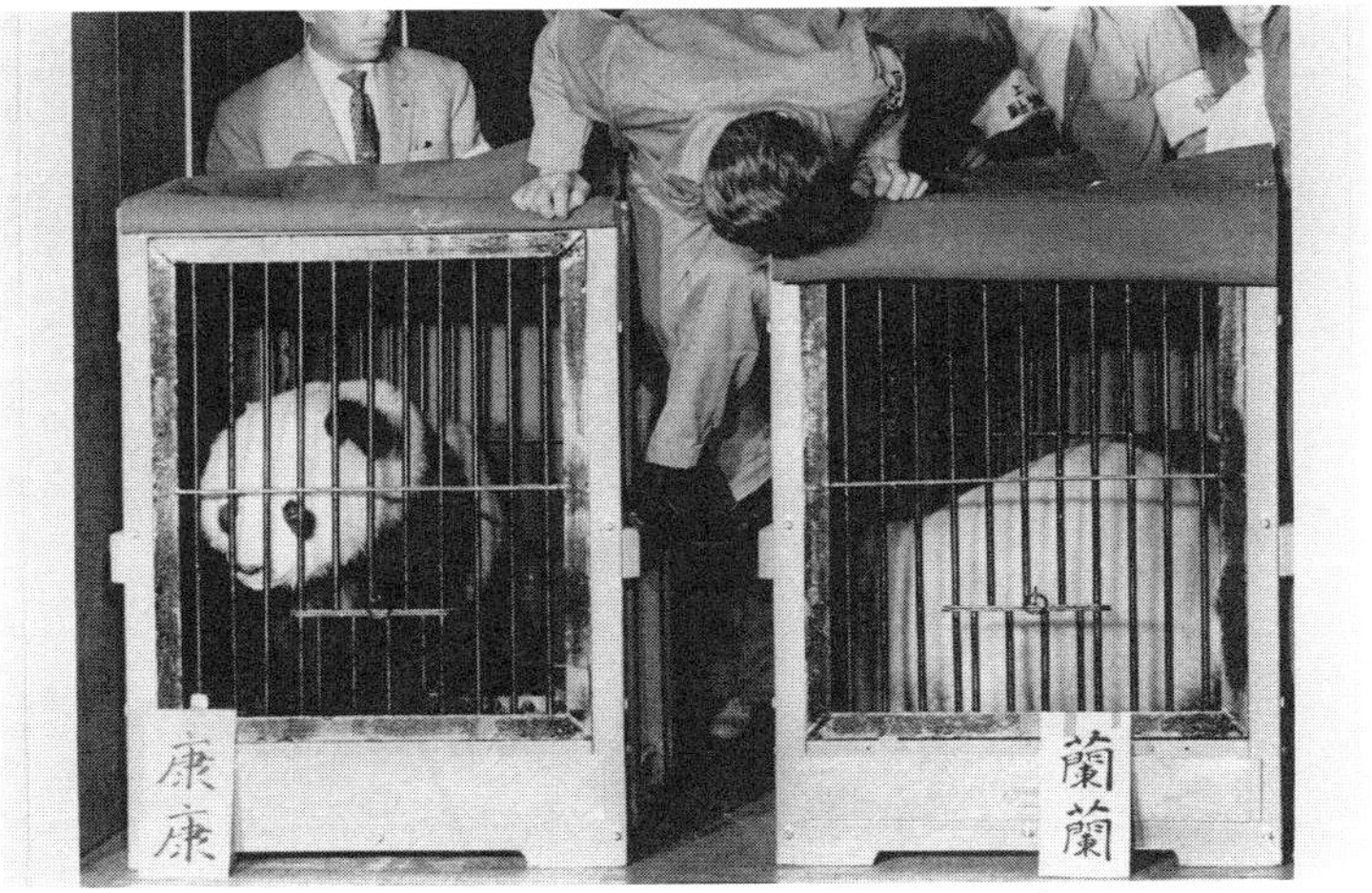

上野動物園に到着したカンカンとランラン。（1972 年 10 月 28 日）

あれはフンとかぜんぶまざってるんでしょうけど、いわゆるいやな匂いじゃなくて、芳香なんですよ。

黒柳 それは、ほかの動物にはまったくない……。

中川 非常に特殊ですね。だから、不快感を与えるということがない。

黒柳 へェェ、面白いですね、そういうのが面白いですね、やっていらっしゃる方にうかがうと。

中川 開けたときに、パンダの匂いだなと思ったですね。そのときに、はじめてパンダが来たなという実感がわいたですね。あけたらまぶしかったのか、ランランのほうは、こうやって、（片手を目に当てて）指のあいだから見てるんですね。

黒柳 中川さんがそうおっしゃったのを読んで、可愛くて……。指のあいだから見てたなんて……。（笑）

中川 カンカンのほうはオスだから平気で見てましたけどね。それからトラックで来て、たくさんの報道陣と、機動隊なんぞが、いかめしくたむろしていましてオリに移すということになったんですけれども、仮パンダ舎に入ったのは九時半ごろかな。

ランランはゆうゆうと入りましたね。カンカンのほうは、なんかコショコショしてましたね。中国の人が、エサをやらないほうがいいというので、水だけ飲みまして、その晩、ぼくも泊まったのですけれども、十時に消灯したんですよ。落ちつかせるために。じっと見てたら、真っ暗のなかで、クンクンとも違う、フンフンと鳴くんですよ。カンカンのほうがぐるぐる歩きながら、それが約一時間つづいたね。

イヌでも新しい家にもらってこられると、クンクン一晩中鳴くということがあるでしょう。まったく同じですね。そのときに、ものすごく可愛くなったですね。

黒柳 お話だけでも可愛いわ。赤ちゃんみたいね。

中川 なんか、可哀そうというか、いとおしいという感じを、そのときすでに感じたですね。飛行機で三時間ぐらいで、たいへんな距離を飛んできて、ここへ置いていかれるんだからね、いとおしくなったですね。たいへんなことだなと思いましたけれどもね。

それで十一時ごろまで鳴いてて、十二時ごろになったら、しんとして、寝たんですね。そんな状態でした。その日は。

黒柳 そして、次の日から大騒ぎ……。

中川 次の日は、中国の人は三人来たんですよ。一人は張暁光という人ですが、動物の関係者ではないんだ。革命委員会の局長さんですよ。もう一人が堵宏章さん、それが飼育の経験者で、彼自身も捕獲隊で四川省の現地に行ってるんですね。もう一人は通訳の人ですが、その堵さんがおもに教えてくれたわけです。

その人たちも熱心だったなあ。朝九時というと、やってきて、エサの作り方、与え方、掃除のしかた、注意すべき点を、手とり足とり教えてくれた。飼育の人というのは万国共通だと思うけれども、言葉は通じなくても、なんとなくわかるわけですね。もちろん通訳はおりますけれどもね。そのときにいちばん困ったのは、外務省の情報がまちがいだらけの情報なんですよ。五日分のエサを持ってくるから、そのあいだに似たものをそろえればいいという話だったのです。ところが、いざ来たらなんにも持ってないわけですよ。明日から作らなければならない。五日分のものを見てそろえようと思っていたから、困ったわけですよ。あいにく日曜日なんですよ。あるものをぜんぶかき集めたけれども、気にくわないんですね。たとえばとうもろこしの粉とか、骨粉、果物、ミルク、お米はお気に召したんだけど、キナ粉が気にくわない。

よすぎる食物ではオナカをこわす

黒柳　飼育係の方が気にくわないとおっしゃったんですね、やるまえに。

中川　ええ、なぜだめかというと、よすぎるというんですよ。細かすぎるんですよ。人間のやつを集めたわけですから。よすぎて下痢しちゃうというわけです。

黒柳　あれだけの笹や竹食べてるんですものねえ。

中川　言われてみればそのとおりだというので、では、荒びきなるものを探しに行ったんですよ。東京ってところは不便なところですね、そういう悪いものはないんだな。上等なものはいくらでもあるんだ、いくら探してもないわけですよ。だんだん中国の人が不快になってくるんだね（笑）。困っちゃってねえ。ぼくも責任があるから。

で、とうもろこしと大豆の、まるのまま集めてきたわけですよ。ところがひくものがない。石臼《いしうす》なんて博物館でも行かなきゃないしねえ。それでホトホト困って、金づちでひと粒ずつつぶすか、そんなことやってたんじゃ、とってもやりきれないというわけだ。いろいろやったら、うちの飼育係がへんなことを思い出したんですよ。

というのは、彼の家は奥さんと二人きりだから、キナ粉なんか少量でいい。ミキサー使うというんだ。大豆をそのまま入れてミキサーにかけると、キナ粉になるらしいね。それ、いこうというので大豆放り込んで回したんですよ。なるんだねえ、それが。荒びきでも、時間によってなるわけですよ。

ところが、ものすごく荒いやつと、ものすごく細かいやつが両方できちゃうんだ。しょうがないからフルイでふるって、荒いところ残して、翌日来たので、どうでしょう、こうやってみる。「カイカイ（ＯＫ）」とかなんとか言ってね（笑）。いいということになって、それからとうもろこしの粉と、キナ粉を混ぜ合わせて、水で練って、このくらい（十センチ）のまんじゅうにしてふかしたわけですよ。それを食ってみて……。

黒柳　堵さんが食べたわけですね。

中川　これならいい、そのときはうれしかったですよ。

黒柳　それで与えたら……。

中川　食わねえんだ、これが。（笑）

黒柳　（大笑い）こんなおかしいことはない、ヘエー。（笑）

中川　なにがだめなのかわからなかったけどね、カキとかリンゴは食べるけれども、それは食わない。原料はよかったけれども、技術的にまずかった。それは、やっぱり、ふかし方がまずかったんだ。

　中国ではよくふかすために、まんじゅうの下に穴をあける、親指でこうやって、穴をあけてふかすわけだ。やってみるとよくふけるんだね、まんじゅうが。これは中国式だと喜んで、飼育係が家へ帰ってその話をしたら、そんなの家では前からやってる、べつに中国式じゃないというんだ。ふかすものはみんなそうするんだという話だったけれども、そんなことで、結局まんじゅうも四日から食うようになったのです。よくふけなかったかんだな、粉っぽかったんだ。

　今は笑い話だけど、そのときは真剣だからねえ、「どうして食わねえんだろう、荒びきがたりないのか」なんて言ってたけどね。（笑）

黒柳　そして一か月になったわけですけれども、今メニューはどんなメニューを。

中川　カンカンのほうは、ミルクがゆ、とわれわれは呼んでいるんですが、これはミルクと、ごはんと、生タマゴを混ぜ合わせたもの。それと、とうもろこしまんじゅう、これはとうもろこしの粉六七%、大豆の粉三〇%、それと骨粉、ビタミン、ミネラル、砂糖、塩、それを混ぜて一〇〇%にしたやつを、ふかしてやるわけですよ。

黒柳　骨粉、ビタミンは、まんじゅうのなかに入れちゃうわけですか。

中川　それを練ってふかすわけです。同量の水で練るわけですけれどもね。カンカンのほうは、カキが非常に好きなんです。リンゴをいま慣らすためにやっていますけれども、それと竹と笹ですね。これは一日三キロから四キロ。

一般公開を前に、好物の笹を食べてご機嫌のカンカン（右）とランラン（左）。（1972年11月4日）

黒柳　それはどこからとってきた笹ですか？

中川　かなり遠いところからですよ。竹は栃木県の大田原、熊笹は、岐阜県の神岡。

黒柳　公害のあるところですね。

中川　それ、心配したんだけど、四十キロも離れたところで、それとか、沖縄ですね。東京周辺では、丹沢とか箱根ですね。ランランのほうは原則的には今のと同じですけど、違うのは、ごはんをあまり食べないんです。ミルクセーキと呼んでるんですけど、ミルクとタマゴだけ。

黒柳　ヘーエ、やせたいと思ってるのかしら。

中川　それからカキを食べないで、リンゴが好きんなんです。そこが違うだけで、あとは同じですね。まんじゅうは食べますね。それ以外は総合ビタミン、ミネラルなんかをやっているわけですよ。

黒柳　異常に太らせないで栄養よくというのがむずかしいでしょうね。

竹を食べるとそのまま出てくる

中川　それがむずかしいですね。竹の量とミルクの量で加減する。ミルク、タマゴはかなりやるけれども、太りすぎていればそれを減らす。

黒柳　おいしいのかなあ。笹の葉っぱもさることながら、竹の幹がどうもわからないんだけれど……。

中川　どの程度消化してるかよくわからないけど、出てきたものは、ほとんどもとのままでしたね。多少着色されてるけれどもね。

黒柳　竹を食べると緑ですって？

中川　暗緑色だね。

黒柳　テレビでこのあいだそのフンを見た人が、「おいしそう、食べたいくらい」だって。カキをたべるとカキ色って、ほんとですか？

中川　ほんとですよ。ふしぎなんだけどね。動物として非常にふしぎなのは、食べた順序に出てくるんですよ。（笑）

黒柳　（笑）じゃ、虹色にさせようと思ったら、順々に食べさせると、そのまま出てくるのですか。

中川　出てくるのをわれわれは見て、これはミルクのフンだな、これが竹だ、砂糖キビだ、五種類ぐらい出てくるんです。

黒柳　子どものときに、ぼかしのリリヤンというのがあって、編んでいると、下からひもがいろいろな色で出てくる編み機があったんですけど、それみたいね。

中川　それはどういうことかというと、ほかの動物のように消化に対応してない。われわれのはまざり合うわけですよ。なにがなんだかわからない。乳微状といって、ドロドロな形で消化吸収して、小腸のほうに送るわけですよ。彼らの胃袋はその能力がないんですね。

鳥の砂ぎもみたいな胃袋なんですよ。そこである程度こまかくする。小腸がほとんどないでしょう。すぐ大腸で。大腸にバクテリアとかクローゾなんかがいて、分解して吸収できるようになっているわけですよ。食べてから出るまでの時間が短いわけですよ。だからそういうことが起こるんですね。

黒柳　そうすると、不安ではいらしたでしょうけれども、一か月たって、自信がおつきになりましたか。

中川　不安がないというとウソになるだろうな。まだ一か月というのは、緒についたところなんですよ。というのはこういうことなんです。飼育のものがその動物を飼って、なんとか少しはその動物について話すことができるというのは、春夏秋冬通り越さなければできないんです。とくに日本みたいに季節の変わり目がはっきりしているところでは。中国の堵さんが非常にいいことを言ったと思うけれども、一週間、三か月、一年ということをおっしゃったんですよ。一週間というのはあらゆるものが変わってしまう。それにならす。彼ら自身が、これが自分の住まいだと思うのに、どうしても一週間かかる。その間にいろいろ事故がおきやすい、それは気をつけなければいけない。三か月というのは、三か月たつと、飼育がもう大丈夫だと思いがちだ、そのときにもう一回危機がある。一年というのは、春夏秋冬を通り越さなければなんともいえない。

黒柳　いかにも中国的な……。

中川　とおっしゃったけれども、そのときは深くも聞いていなかったけれども、今考えると、かなり動物を飼ったことのある人の言葉ですね。なかなかいい顔をしてるよ、あの人は。

黒柳　そう。私は二十八日にパンダが着くときに、みんながどんな状態かしらと思って動物園の裏口へ行って、トラックが来るのを見てたのです。二台ぐらい車が行きましたら、堵さんや張さんがお乗りになった車が、私の前でとまったんです。

　私は中国の方だったから、うれしくなって、拍手したんです。すると、沿道の人がワッと拍手したんですよ。窓をあけて、ありがとうございますと中国語でおっしゃっている。私は「ニイハオ」というのもありきたりで困ったんですけど、「こんにちは」と日本語で言って、拍手したら、とってもうれしそうにしてくださった。

　国交回復しておいでになった第一号みたいな方だから、よかったなと思ったのですが、それから一週間ぐらいして、あの方たちを囲むパーティが開かれた。いろいろな方が、お三方に私を紹介してくださったんですけど、「もしやあなたは私たちが上野に着いたときに、拍手してくだすった方じゃないですか」と言って、覚えていてくだすったんですね。私はすごくうれしくてね、よかったと思って。やっぱりパンダには拍手しても、あの方たちにはちょっと……それがいいあんばいに拍手が出たんですね。

その後、四日の招待日にお目にかかったんですよ。中国語がぜんぜんできないので、なんとかお話したいと思ったんですけど、通訳の方を入れてお話しましたが、堵さんという方は、口数は少ないけど、心から動物を愛していらっしゃるという方でしたね。

中川　口数は少ないけれども、言うことは核心をついているというか、りっぱな飼育係ですよ。

黒柳　真実というとへんだけど、ほんとうに実感があるようなことをおっしゃる方ですね。

飼育日誌　パンダと暮らした一か月

元上野動物園飼育課長　中川志郎

無我夢中の一か月であった。十月二十八日、パンダ到着以来、上野動物園全体が、一種の興奮状態であったが、とくに、直接パンダの飼育を受け持つ私たちにとっては、緊張の連続であった。パンダという動物の珍しさ、動物学上の貴重さもさることながら、その背中に背負って来た、無形だが、この上なく大きなもの、日中友好のシンボルという肩書きが、私たちの緊張を、いやがうえにも高めていたのだ。

いま、やっと一か月余の時が流れて、パンダの健康状態もまずまずというところ。わずかながら心の余裕も生まれ、テンヤワンヤのあれこれを振り返ってみる時間を持てるようになった。まずは、二匹のパンダの略歴から紹介しよう。

康康＝カンカン　オス　二歳

一九七〇年、中国は四川省邛崍《きょうらい》山脈の生まれ。生後約七か月の時に、捕獲隊の手で捕えられ、以後、四川省宝興《ほうしん》にある臨時飼育場において飼育され、一九七二年はじめ、北京動物園に移る。一九七二年十月二十八日、東京上野動物園着。

なお、名前の「康康」は、上野動物園に来るにあたって付けられた新しい名。意味は、いつも健康であるようにと、健康の「康」が用いられたもの。

蘭蘭＝ランラン　メス　四歳

一九六八年、中国は四川省邛崍山脈の生まれ。

生後二年ほどの時に、捕獲隊の手で捕えられ、以後、宝興臨時飼育場にて飼育され、こんど日本へ贈られることになって、一九七二年の十月はじめ、北京動物園に移る。

カンカンと共に、一九七二年十月二十八日、東京着。

蘭蘭は蘭の花のように、しとやかで美しくという意味の名前である。

さて、この二匹の動物大使と、これを迎えた飼育係の面々との、いくつかの出来事を、日を追って振り返ってみよう。いま思えば、毎日が新鮮な驚きの連続であった。

十月二十八日　パンダは鳴くということ。

パンダが鳴くか鳴かないか、パンダ来着の数日前まで、新聞やラジオの話題になった。私は、あまり鳴かないであろうという派に属した。というのは、一九六九年、私がロンドン動物園でチチを観察した限りでは、ほとんど、その鳴き声らしきものを耳にしなかったからである。

ところが、あるものは、「ワンワン」と鳴くと言い、あるものは、羊のような鳴き声を出すと言うのであった。十月二十八日、二匹のパンダの来着の夜。オスのカンカンが、このたわいもない論争に結論を出した。深夜十二時、電灯を消し、真っ暗になったパンダ舎の中で、ゴソゴソと動き回りながら、カンカンが鳴きだしたのである。

「クンクン　クンクン　クゥンクン」

それは、親にはぐれた小犬が、寂しさのあまり鳴いているような、そんなトーンであった。

その鳴き声はふとやんでは、またつづき、一時間もの間つづいていた。真っ暗闇の中で、この鳴き声を聞きながら、パンダは鳴くということを実感し、そして、その鳴き声の哀調に、なにか、この動物に対する愛情が、こみあげてくるのを感じたのである。

ランランは、部屋のすみで、ひっそりとまどろんでいた。

十月三十日 パンダのエサは、粗末なものほどいいということ。

パンダのエサは、大きく四つに分けられる。すなわち、ミルクがゆ（ミルク、ごはん、生卵を混合したもの）、果実（リンゴ、カキなど）、トウモロコシのマンジュウ（トウモロコシ、大豆の粉を水で練り、蒸したもの）および竹とササである。私たちが、あらかじめ準備しておいたこれらのエサの材料を見て、北京動物園から付き添ってきた飼育担当の堵宏章氏は言った。

「このマンジュウの材料は、良すぎて使えない。あまりにも粒子が細かすぎる。これでは、パンダは下痢になってしまう」

パンダのために最上等のものを集めていた私たちは、唖然《あぜん》とした。さっそく粒子の粗いものを探すことにした。ところが、東京というところは不便な町で、上等なものはいくらでもあるが、粗末なものは、なかなか手に入らないのである。仕方なく、大豆とトウモロコシをミキサーにかけ、適度の大きさに砕き、間に合わせる。堵宏章氏は言った。

「パンダは、貴重な動物だというので、どうしても、上等のエサをやりすぎがちになる。だが、これは、決してパンダのためではない。なるべく粗末な、粗いエサを与えることが、パンダ飼育のコツなのだ」と。

十一月一日　パンダの糞《ふん》には芳香があるということ。

動物の健康状態を知る方法には、いろいろあるが、その排泄《はいせつ》物を調べるというのは、かなり確率が高いだけに大切なことだ。したがって、パンダの排泄物は、あだやおろそかには取り扱えない。まず、形、色、においを調べ、その量を測り、分解して消化状態を調べるのである。

例によってこの作業をしていた獣医が、突然こう言った。

「あれーっ!!　パンダの糞って、いいにおいだな」

そう言われてみれば、なるほど、他の動物の糞にあるような不快臭は全くない。むしろ、かぐわしいにおいと言うべきかもしれぬ。なんか甘酸っぱい、快い香なのである。

こんな糞をする動物なんて、他に見たことがない。やっぱり珍獣だなと思う。

十一月三日　二匹、来園以来はじめて日の目を見ること。

一週間の検疫機関も今日で終わり。到着以来、ずっと室内で種々の検査と餌《え》づけを行なってきたので、外に出る機会は全くなかったのである。まずカンカンから運動場に出すことにする。室内と外を隔てたドアが音もなくゆっくりと上がる。

突然に、まばゆいばかりの光が差し込んでくる。ビックリしたように、これを見ているカンカン。やがてゆっくりと出口のそばにより、首を伸ばして外を見る。こわごわという感じである。無理もない。はじめて見る世界なのだ。急に首をすくめるようにして後戻り。再び、ゆっくりと出口へ。また後戻り。室内を一回りして再び出口へ。こんな動作を繰り返すこと、実に十三回、なんと慎重な動物だろう。

やがて、十四回目。こんどは思い切ったように一気に外へ出た。秋の日差しがいっぱいの運動場。カンカンは、ありとあらゆる所のにおいをかぐ。ときどきビクッとしたように後ずさる。新しいにおいにぶつかったときだろう。においをかぎまわること、およそ三十分。やっと安心したのか、岩の上に置かれたササを手にした。少し食べてみる。

少しあと、ランランのドアを開く。いざとなるとメスのほうが度胸がよいのか、ランランの場合は、二度ほどためらっただけで、スッと外へ出た。カンカンと同じようにかぎまわる。室内のランランからは、想像できないような身の動きである。

ランランの姿を、いちはやく見つけたカンカンが、仕切りのガラス越しに、興味を示す。ランランの動く方向に自分も歩いている。そういえば、この二匹、今日がはじめての出会いなのである。中国でも、ついぞ一緒になる機会はなかったのである。将来は番《つがい》になる二匹。なんとか、うまくいって欲しいと思う。

十一月四日　多勢のカメラマンに驚くこと。

今日は、二匹のパンダの特別公開の日、政府から二階堂官房長官、中国側から肖向前代表、都から美濃部知事などが顔をそろえる。

クスダマが割れると、いよいよ二匹のおでまし。昨日、運動場に出て、だいたいの様子はわかっているとはいえ、今日はまた、思いもよらない大騒ぎなのであった。

今日の特別公開が、報道関係者向けということもあって、パンダ舎を取り巻いたカメラマン、記者の数は、およそ三五〇人、ありとあらゆるスキ間は、ギッシリとカメラのレンズでふさがれてしまったのだ。

飼育され、人との付き合いの長いカンカンは、それでも、だいぶ落ち着いていて、ササなどをつかんで引っ張ったりして、サービスをしていたが、まだ野性味たっぷりのランランは、思いがけない光景に、すっかりとまどってしまったのか、あののろまの動物が、まるで何者かに追いたてられるように、セカセカと運動場を歩き回るのであった。

午後零時になって室内に収容したときは、本当に気息奄奄《えんえん》、平常で一〇〜二〇の呼吸が、一二〇〜一三〇にも増加し、ベッタリと尻《しり》を床につけて、へたり込んでしまった。今までに、こんな様子をついぞ見たこともない私たちも驚いてしまう。

さっそく、堵氏に尋ねてみると「はじめ

公開されたばかりのカンカン。（1972 年 11 月 4 日）

ての経験に興奮しているのでしょう」とのこと。たしかに、この状態は三十分も休むと、やっと落ち着いてきた。

それにしても、こんなにも多勢の人たちに取り囲まれたのは、はじめての経験かもしれぬ。今日は、いつもより早く消灯し、休ませることにする。

十一月五日　初公開。すさまじい人の波に興奮すること。

午前九時、オープンと同時に、待ちかねたように人の波が、ワーッとわけのわからぬ叫び声を発しながらパンダ舎を取り囲んだ。この中の何人かは、パンダを見るために昨日から徹夜した人たちである。

この人の波をさばくために、三五〇人の機動隊、ガードマン、地元警察、そして救急車の消防署の人たち。スピーカーとトランシーバーの音が交錯し、まるで戦争のようである。二匹、特にランランは、昨日に増して興奮、信じられぬような動きで、場内を駆けめぐる。かわいそうだが、どうしようもない。

ランランの吐く息が徐々に激しくなる。でも、見物の人々は、あとからあとから際限もない。オリの裏側から二匹の様子をながめる私たちは、二匹が落ち着いてくれることを祈るばかり。

午後になって、ランランの呼吸数は、ついに一四〇を超えた。休ませてやりたい。
夜、ぐっすりと眠っている二匹に、ホッとする。

十一月八日　パンダに週休二日制を採用すること。

公開以来の二匹の疲労は激しい。昨日など、運動場に出るのを、極度にいやがる傾向が出はじめたのだ。このままつづければ、二匹、特にランランは参ってしまうかもしれぬ。パンダを見たいと思う人々の気持ちは、痛いほどよくわかるけれど、パンダは、過労に耐えられる動物ではない。十分に休息をとらせなければならないのだ。

あの四川省の山奥、ひっそりと、だれにも拘束されずに、のんびりと生活してきた二匹にとって、あまりにも急激な変化なのにちがいない。私たちは、パンダのためと、それを見たいと願う人々の立場を考え、展示の制限を定めた。

一週のうち、金曜日と月曜日は休み、平日も午前中の二時間（十時から十二時まで）だけ展示するというものである。予想されたような人々の非難はなかった。すべての人々がパンダの身を案じてくれたからである。

十一月十日　初めての休日にパンダ、やっとノンビリすること。

週休二日制になって、はじめての休養日。二匹は、本当にノンビリした。人々の喧騒《けんそう》は遠く、二匹は気ままにエサを食べ、腹がふくれると台の上にのぼって寝た。ランランは、あおむけになり、大の字になって眠り、カンカンは、腹ばいになって午後四時ごろまで眠りこけた。竹やササも、いつになくよく食べ、二匹で総計五キロも消費したのである。

午後、バレーボールを入れてやるとカンカンはよく遊ぶ。両手でかかえ、尻の下に入れ、けとばし、追いかける。すばらしいプレーヤーだ。

十一月十五日　サトウキビを好食すること。

沖縄から直輸されてきたサトウキビをやってみる。すごく喜んで食べる。直径二・五センチほどの茎を、バリバリと音をたてて食べる。北京のメニューには入ってなかったものだが広州の動物園では、パンダの常食だという。あまり喜ぶので、食べすぎが心配なほどである。

沖縄の子供たちが、全日空に託して送ってくれたサトウキビ。これで、パンダのメニューが一つ豊富になった。

十一月十八日　パンダ、藁《わら》を食うこと。

そろそろ外気が、寒くなってきたので、部屋のすみに藁を入れてみた。敷き藁のつもりである。ところが、意外なことが起こった。ランランもカンカンも、これを無造作に食べはじめたのである。それも、以前から知っていたかのように、実に手ぎわよく食べるのだ。パンダが藁を食べるなんぞ、どこの文献にも記されていない。パンダにしても、はじめての経験にちがいない。私たちは、うれしさととまどいの両方を感じながら、これを見ている。

もし、パンダが藁で飼えるとしたら……。〝上野動物園方式〟と名づけようかな……。

十二月五日　毎日が新しい発見の連続であること。

二匹のパンダは、しごく順調である。そして、毎日が、新しい発見の連続である。やがて、パンダのすべてがわかる日が来るであろう。

二匹が成長し、結婚し、やがて子を生み、制限時間なしの観察ができる日、その日まで休みない努力をつづけたいと思う。

トントンのお母さんは子育てじょうず

元上野動物園獣医　増井光子

ジャイアントパンダの繁殖はとてもむずかしい。その原因のひとつは、オスとメスの気が合わないとなかなか交尾しないからです。

ふつう、動物はオスとメスがいっしょになれば、どんな相手とでもけんかせず、簡単に子どもが生まれると思われています。

ところが、いろいろな動物を飼育してみると、どうしてどうして、なかなかいっしょになってくれない場合があるのです。残念ながら、パンダもそうやすやすとは人のいいなりにはなってくれません。

気に入らなくては絶対ヤーよ！

上野動物園のホァンホァン（歓歓）とフェイフェイ（飛飛）もそうでした。子どもどうしだと、わりに、仲良くなりやすいのですが、おとなどうしは、なかなかなじまないところがあります。何度もいっしょにしましたが、二頭の仲はうまくいきませんでした。そこで、仕方なく、人工授精という方法によって、やっと生まれたのが、かわいいトントン（童童）というわけです。

中国以外の動物園で、いっしょに飼われていたパンダどうしが交尾して子どもが生まれたのは、メキシコ、アメリカですが、これらの国のパンダは幼いときからいっしょに育って、お互いによく気心を知っているどうしだったのです。

日本のトントンは、人工授精で生まれましたが、同じ動物園のパンダどうしで人工授精して成功したのは、中国以外では初めてのことです。中国の動物園の人の話でも、いっしょにすると激しい争いをするそうです。

アメリカのワシントン国立動物園では、こんなことがありました。なかなか自分のところのペアではうまく繁殖しないので、メスのパンダに発情期がきたとき、イギリスのロンドン動物園からオスを借りました。しかし二頭は気が合わずに大ゲンカとなり、引き分けるのに大変苦労しました。

このように、気の合ったものどうしを自由に選べないことも、パンダの繁殖をむずかしくしている理由なのです。

育てるのは一頭だけ

もうひとつ、子どもがなかなかできない理由があります。

それは、パンダが季節繁殖動物といって、たいてい三月から六月にかけてしかオスとメスがいっしょになる時期をもたない動物だからです。この時期に気の合ったものどうしが出会わないと、赤ちゃんが生まれないわけです。

そのうえ、子どもがとても未発達な状態で生まれることも、なかなか育たずに死んでしまう原因です。

一九八四年には、世界で七頭、パンダの赤ちゃんが生まれました。ところが育っているのは、中国の成都動物園で生まれたメスの一頭、慶慶《チンチン》だけです。お母さんの美美《メイメイ》の子育てがとてもじょうずだったからでしょう。

生まれてくる子どもは、双子の場合もけっこうあるのですが、お母さんは一頭しか育てようとしません。

スペイン、メキシコでも双子が生まれましたが、母親が育てたのは一頭だけ。かわいそうですが、もう一頭の方は体格も小さく、体の毛も十分はえていなかったのです。

お母さんといっしょが幸せ

生まれたばかりの赤ちゃんは未発達で、とても小さい。お母さんの体重が一〇〇キログラムほどあるのに、赤ちゃんはだいたい一〇〇グラム。千から千五百分の一しかありません。

おとなになったヒグマの体重は二五〇キログラムから三五〇キログラムあります。生まれてくる赤ちゃんは五〇〇グラムはありますから、五百〜七百分の一になるのです。このことを考えると、いかにパンダの赤ちゃんが小さいか分かると思います。

ホァンホァンが、一九八五年に、せっかく生まれた赤ちゃんを死なせてしまったのも、あんまり小さくて、どう扱ったらよいのか困ってしまった結果かもしれません。

パンダの赤ちゃんは、見かけが小さいだけでなく、生まれた時にクマよりずっと未発達な段階にあることが、これまでの研究で分かっています。そのために、パンダの赤ちゃんを人工的に育てることは非常にむずかしく、生まれたての子の人工哺育《ほいく》は、これまで成功した試しがありません。

中国の上海動物園や成都動物園で人工哺育をしましたが、これは生まれてすぐの赤ちゃんを育てたのではなく、生後一週間から一カ月ぐらいたって、いくらか赤ちゃんらしくなってから育てたのです。

だからといって、これらの人工哺育の価値が下がるというのではありません。ただ、生まれた直後から哺育したパンダは、いずれも数日のうちに死んでしまっている、というのがこれまでの実態なのです。上野動物園のホァンホァンは、最初の赤ちゃんを亡くしはしましたが、そのときに学んだ経験を生かして、トントンを感心するほど上手に育てています。抱いてやったり、なめてやったり、こまやかな愛情がみられます。

トントンを引き戻す母親のホァンホァン。（1986年12月17日）

トントンは、世話をしている人にもなれていますが、お母さんと離されると、どんなになれた人がいっしょでも情けなさそうな、どことなく不安な表情をします。ところが、お母さんといっしょにいるときは、晴ればれと幸せそうな顔をして遊んでいます。人間の赤ちゃんと同じで、やっぱりお母さんのそばが一番いいのでしょうね。

トントン誕生！　やったね、ホアンホアン

元上野動物園飼育課　佐川義明

待ちに待ったトントンの誕生したときのようす、それはこんなふうでした。

「おはよう、ホアンホアン」出勤するとすぐ、いつものように産室の中に声をかけて、まずあいさつ。ホアンホアンのようすに、とくべつ変わりはない。うつむいて、じっとしている。ここ数日と同じで、食欲もあんまりなさそうだ。これは出産まぢかの徴候。今日からは、二十四時間監視態勢だ。

「まだなのかなぁ……」ひとりごとをいいながら管理室にもどってきた、その瞬間、「ホンギャホンギャ」という声。「あっ、生まれてる！」叫びながら思わずとびあがっちゃいましたね。その声、管理室には産室をモニターするテレビと、音声モニター用のスピーカーがあり、

そのスピーカーから聞こえたのです。

一秒後には飼育係三人、夢中でホアンホアンの産室前にかけつけましたね。でも、外からのぞいただけでは確認できず、ただ「ホンギャホンギャ」という声があいかわらず聞こえてくるだけ。

一人は昨夜から今朝までのビデオテープをすぐ分析係に持っていき、もう一人はそのまま観察にかかる。

私は十円玉をかかえて公衆電話へと走った。そのときのために、出産時連絡網というのがあって、その人たちに緊急連絡をするという、うれしい役目。十円玉も、この日にそなえて二百円分ほどちゃんと用意してありました。

ホアンホアンを刺激しないように、モニターテレビで観察をつづけました。こどもの鳴き声は一定していて、しかも張りがある。耳をそばだてて聞きながら、みんなの顔はくずれっぱなし。それから、ホアンホアンの、赤ちゃんをなめている音がよく聞きとれる。いっしょうけんめいなめてやっているんだなぁ。エライなぁ。ホアンホアンは、排泄物をなめとってきれいにしてやっているんです。

ビデオテープを再生したけっか、トントンが生まれたのは、昭和六十一年六月一日午前六時五十三分。ちょうど、私が、出勤して別室で作業衣に着がえていた時刻でした。

愛あふれる巣づくり

お母さんのホアンホアンは、前回の初初《チュウチュウ》のときも巣づくりをしたが、今回は、またいちだんとていねいに腕（？）によりをかけてつくりあげました。飼育係がやってあげたのは、せいぜいコンクリートの床の上にスノコを敷き、ワラをかけてやるていど。あとは、ホアンホアンが全部ひとりでやってのけたんだから、たいしたもんです。

巣の材料は、パンダの主食でもある、竹。その竹をくわえて、産室に運びこむ。つまり、竹のベッド。それがみるみるうちに五十センチくらいの高さになった。それに、生後六か月たっても、まだせっせと竹を運びこんで補強していた。動物園での巣づくりというケースは中国でもめずらしいそうだ。

なにより驚かされたのは、枝の細いところをかじったりして、赤ちゃんが落ちないように、くまなく敷きつめたこと。前のときは、そんなにていねいにつくらなかったから、母さんパンダとしては、きっと前の経験から学習したんだろう。感心もしたし、なんだかホロリとさせられました。

それだけではないんですよね。産室のとなりの部屋の入口にかけて、竹のベッドをなだらかなスロープになるようにつくっている。なにしろ高いところは五十センチですから、赤ちゃんが落ちてもけがのないように、という工夫なんでしょうね。

ほほえましくて、なんだかおかしかったのは、竹のベッドの中につき出ていた竹に、ホアンホアンが手をかけて、トントンを抱いていたシーン。

まだ生まれたばかりのトントンは、いつもパンダ座りをしたお母さんの胸の中に抱かれている。でも、ホアンホアンだって眠らなくっちゃいけない。で、パンダ座りのまま、両腕でトントンをかかえるようにして休むんです。これがトントンはいやでたまらない。きっと苦しいんだろうな。かならず「ムギュームギュー」と鳴く。

そこでホアンホアンが考えついたアイディアが、ピョコンとつき出た竹に腕をもたせかけるポーズ。これだと、左腕でトントンをささえ、じゃまになる右腕をその竹にのっけて、母子とも楽になれるわけです。トントンも、やっと安心して眠れたようですね。「やっぱり、おっかさんにはかなわないや」と、思わずうなっちゃいました。

はじめて歩くまで

生まれたばかりのトントンは体長十四〜十五センチ。体の色も淡いピンク色で、まさに赤ちゃん。ネズミみたいで、とてもパンダとは思えない姿。「これで、あの白黒模様のパンダになるのかな？」なんて、本気で心配するほどでした。

とはいっても、私たち飼育係がはじめて赤ちゃんを肉眼で確認したのは、生後二週間たってからのこと。それまでモニターテレビで見ていると、肩のあたりに黒い色がつきはじめていて、「おっ、いよいよパンダらしくなってきたな！」と喜んでいたのだが、肉眼で見ると、モニターよりずっと薄く、一同「あらー？」。

腹這《はらば》いの姿をはじめて見たのは、生後十七日たってからで、そのあと、二か月すぎごろから少しずつ這い這いの練習をはじめたけれど、最初のうちは前あしを動かすだけで進まず、ペタンとその場で腹這いになってしまう。「ハッハ、まるでパンダのヒラキだな」とすごいことをいったのは仲間のひとり。

目が完全に開いたのは生後二か月半たってからで、三か月後には、産室ののぞき窓から「おーい、ムス」と声をかけると、首を動かして反応した。視力も聴力もしっかりしてきた証拠だ。

そうそう、「ムス」というのは、トントンという名前がつけられる前の飼育係だけの呼び名。まだ名前がないし、ムスメだか、ムスコだかわからないから、「ムス」。

それから、耳がパンダらしく立ってきたのが生後三か月ころ。いちばん遅かったのは歯で、上《うわ》あごの犬歯《けんし》と臼歯《きゅうし》がはえはじめたのは、四か月をすぎてからでした。

歩くようになるまでがまた大変で、それは長い道のりでした。その経過を私の飼育日誌からひろってみます。

「身を乗りだすように前進をはかるがダメ」（八月二十二日）「数歩いざる」（九月一日）「やっと二十センチ這う！」（九月六日）「母の後を追って這ったが、後ろあしの竹を乗り越えられず失敗」（九月九日）「体をくねらせて前進」（九月十二日）「九十センチ前進」（九月十三日）「一メートル前進」（九月十四日）

そして、はじめて産室を出たのは十月一日、ちょうど満四か月の誕生日でした。

元気に遊ぶトントン。（1986年11月17日）

声のふれあい

トントンって、いったいどんな鳴き方をするんですかと、よく聞かれる。でも、どういうふうに表現したらいいのか……。

たとえば、はじめての正月を迎えるころ、ということは七か月までは、「ウギャウギャ」という感じ。これがいちばん多かったかな。これは、オッパイが欲しいというときや、むずかるようなときの鳴き声。

「ググクゥ」という感じは、ちょっぴりお母さんに甘えているときかな。

生まれてすぐのころは、ホアンホアンが自分の朝食などでトントンのそばを離れると、いやいやをするみたいに「ギューギュー」と鳴いていたこともありましたね。

前あしだけを伸ばしていっしょうけんめい這い這いの練習をしていたころは、首を振りながら、「クゥン、クゥン」。

おもしろいのは、木登りを始めたばかりのころ、お母さんにお尻を噛まれたとたん、「キャーン!」。これには、噛んだ当のホアンホアンも、びっくり。あまり大声だったせいか、しばらく呆然としていましたね。

トントンが四か月めになったころ、ホアンホアンがひとりで寝ている部屋に向けて、生まれたころのトントンの鳴き声をテープで流してみたんです。ホアンホアン、どうしたと思いますか？　いきなりスックと起きあがって、あたりをうろつきはじめたんです。きっと、トントンに異変があったのでは？　と思ったんでしょうね。

トントンが産室の外に出て遊ぶようになると、「クックックックー」というホアンホアンの鳴き声をよく耳にしました。ちょうど発情期のころの〝恋鳴き〟と同じ、やさしい声なんです。外から、トントンのいる部屋の入口をのぞきこむようにして、「だいじょうぶ、わたしですよ」というように「クックックゥ」と鳴く。これが鼻にかけて、ささやくように甘い声。

そのくせ、お父さんのフェイフェイとでくわしたときは、敵を威嚇《いかく》するような、すごいうなり声。「あんたは関係ないの！」といわんばかり。まさかパンダにそんな考えはないと思うんだけれど、父親というのは、どうも分が悪いな……。思わずわが身を振りかえったりもするわけですよ。

ゆりかごはママのおなか

動物園のパンダは、一日の三分の二を寝て暮らす。野生のパンダは、一〇〇キロ前後の自分の体を維持するにはたくさんの餌を食べなくてはならないので、一日の大半を餌探しに使う。

しかし、動物園のパンダは栄養たっぷりの餌をじゅうぶんに与えてもらうので、餌探しの必要がない。だから、その余った時間を休息と睡眠ですごしている。

トントンも、人並みに、いやパンダ並みによく眠る。人間をふくめて動物はなんでもそうだが、赤ちゃんの寝ている姿は、とびっきりかわいい。毎日見ていても、おもわず、こっちの目がタレ目になるくらい。そう、ちょうど子犬なんかと同じような寝方かな。

ほんの生まれたばかりのころは、まるまっちくなって、たいていお母さんのおなかで眠っていました。お母さんも、同じようにまるくなって、お腹の凹《へこ》みのところに赤ちゃんを包みこむというスタイル。ちょうど巴《ともえ》が重なりあった形。

最初の一か月くらいは、ほとんどこのカッコウでした。お母さんがあお向けになって両手をあげ、トントンをお腹にのっけるなんてユーモラスなカッコウを見せたのは、トントンの身長が三十センチくらいになり、目のまわりの黒い模様がハッキリしはじめたころから。だんだん毛も増えてきて、まえほど保温の必要がなくなったためかもしれませんね。

それからあとは、腕まくらのカッコウが好きになったみたい。ホアンホアンが横になり、下側の腕にトントンをのせ、ときどきはあいた片手で竹を食べていたりしてますね。

でも、最近ではトントンの親離れがすすんで、〝子離れ〟の遅れているホアンホアンから離れて寝ようとしています。

ホアンホアンはといえば、いっしょのときは、どこか体の一部がトントンに触れていないと安心して眠れないようだし、トントンが奥の産室でひとりで寝ている場合は、その入口をとなりの部屋でガードしていれば安心できるらしいが、そうでないと、とてもまだひとり寝はさせられない、といったようすですね。

ホアンホアンは育児じょうず

まだ毛もはえていないような生まれたてのころは、お母さんがひたすらトントンをなめてやる、これが最大のスキンシップ。でも、これは愛情表現というより、体を清潔にしてあげるのが目的ですね。お尻なんかも、ウンチごときれいになめてあげる。

で、動きまわるようになると、お母さんとしては、もう大変。ネコがじゃれているみたいに、いつも手で転がすようにして、トントンをあやしてやる。逃げだそうとすると、手をじょうずに使って引きもどすんです。しばらくはぜったい自分の手の届く範囲から出さなかったですね。

それからトントンの動きが確かになってくると、こんどは、いつでも助けにいける一定距離の範囲内で遊ばせる。トントンが抜けだそうとすると、くわえて引きもどす。

しかし、トントンもさる者です。部屋の中のメッシュ網によじのぼったら最後、ホアンホアンがいくらおろさせようとしても、手を離さない。二十キロくらいの重さになってくると、そうそうかんたんにくわえておろせない。

どうするのかなぁ、興味津々《しんしん》で見ていると、やるもんですね、ホアンホアンも。下からトントンをグイ！　と頭でもち上げ、はねあげるようにしておろしました。このあたり、丁々発《ちょうちょうはっ》止《し》、親子の渡り合いといったところなんです。

そうかと思うと、こんなこともありました。一般公開にそなえてトントンを展示室にだす練習をしていたころ、ホアンホアンがいないので、産室にもどりたそうにウロウロ。気づいたホアンホアンが呼ぶと、胸元にとびついて甘えてみたり……。

母さんパンダも、手がかからなくなるまでは、ほんとに大変なのです。

屋外運動場で日光浴するトントンとホアンホアン。(1987 年 2 月 20 日)

空飛ぶパンダ、リンリン逝く

元上野動物園長　小宮輝之

リンリンは一九八五年九月五日に北京動物園で生まれました。一歳半になった一九八七年三月七日に四川省宝興県に貸し出され、北京と成都の間一五四二㎞、二時間半の最初の空の旅を経験しています。この宝興県は一八六九年にフランス人のデビット神父がジャイアントパンダを発見した縁の地なのです。実は上野動物園の初代パンダであるカンカンとランラン、お母さんパンダになったホァンホァンもこの宝興県出身でした。今でも百四十頭ほどが生息しているそうです。なぜ、パンダのたくさんいる生息地に四十一日間だけ、リンリンが北京から貸し出されたのかは判りません。

北京に帰ったリンリンは、その日のうちにメスのヨンヨンとともにニューヨーク行きの飛行機に乗せられました。ヨンヨンはリンリンより三歳年上でやはり宝興県で保護され、すでにロスアンジェルスとサンフランシスコに貸し出されたことのあるアメリカ経験のあるパンダです。北京とニューヨークの間は一万五二三四㎞で約十六時間の飛行になります。当時は北京とニューヨークの直行便はありませんでしたから、リンリンは成田経由でアメリカに向かったはずで、上野に来る五年も前に日本に立ち寄っていたと思われます。四月十八日にはブロンクス動物園に到着し、ちょうど二歳の一番かわいい半年間、ニューヨークっ子の人気者となったのです。

屋外飼育場のリンリン。(2006年4月13日)

秋、涼しくなった十一月五日にニューヨークを発ち、一六二五㎞南に位置するフロリダ半島に向かいました。飛行時間にして三時間ぐらいでしょうか、フロリダのブッシュガーデン動物園に到着しました。フロリダで一年を過ごし、一九八八年の十月に一万二二五九六㎞、二十時間の旅をして北京動物園に戻ったのです。

リンリンがフロリダにいた年の六月二十三日、上野動物園ではユウユウが生まれました。二年前に生まれオスだと思われていたトントンは、実はメスであることが判明し、お婿さんの心配をしなければならなくなったのです。一九九二年は日中国交回復二十周年を記念して、ユウユウとリンリンを交換しました。ユウユウは中国が初めて外国から輸入したパンダであり、上野動物園は世界ではじめて中国にパンダを輸出した動物園になったのです。ユウユウは二〇〇四年三月四日に十五歳で死亡しましたが、その間一度だけ二年間ほど中国の石家庄動物園に貸し出されています。

一九九二年十一月五日リンリンは二一一三km、三時間の飛行の後、再び成田に到着しました。リンリンが上野動物園にやって来たとき、わたしはちょうどパンダ舎担当の東園飼育係長をしていました。リンリンは今まで見てきたパンダに比べ目の周りの隈取が薄かったので、わたしは妙に愛嬌のある憎めないパンダという第一印象を持ちました。

リンリンの旅はこれで終わりではありませんでした。二〇〇〇年七月にトントンが死んでからは、メキシコのチャプルテペック動物園にいる三頭のメスとの共同繁殖のため、出張することになったのです。二〇〇一年一月二十九日、成田からバンクーバーを経由して夕方メキシコシティーまで一万一四七一km、二十三時間の旅でした。このリンリンの出張には私も同行しました。夜になって動物園のパンダ舎に収容したリンリンはまわりの三頭のメスの臭いをかいで、不安そうだったのを覚えています。メキシコの三頭のメスとの共同繁殖はその後メキシコで三回、上野で二回試みられましたが、うまくいきませんでした。リンリンは成田とメキシコの間を三往復しました。飛行距離にして合計六万八八二三km、時間にして九十九時間の旅を経験したのです。

リンリンの一歳半からはじまった空の旅は合計十二回、距離にして地球を二周半約十万kmになり、飛行時間は百五十時間になりました。リンリンは世界中で一番長時間、空の旅を経験したパンダだったかもしれません。リンリンが普通の動物に生まれていたら、こんなに苦労をかけることはなかったでしょう。四月三十日に空のかなた、天国に昇りました。リンリン本当にご苦労様でした。

リンリンと過ごした時間

元上野動物園パンダ班　倉持浩

二〇〇八年四月三十日早朝、静かに二十二年七か月の生涯を閉じたジャイアントパンダのオスの「リンリン」。

一九八五年九月五日に北京動物園で生まれたリンリンは二歳頃までの一年半を「ユンユン」というメスのジャイアントパンダとともにアメリカで過ごしました。一度北京に帰国後の一九九二年十一月五日に上野動物園にやってきました。

上野動物園ではホァンホァンとトントンの二頭のメスとお見合いをしますが折り合いが合わず、人工授精でも子供は授かりませんでした。二〇〇一年から二〇〇三年にかけて三回メキシコの動物園に婿入りしました。「シンシン」「シュアンシュアン」「シーホァ」という三頭のメスを相手にお見合いし、二〇〇三年十二月には「シュアンシュアン」が上野動物園に来園して一年十か月をともにしましたがまたしてもうまくいきませんでした。少なくとも六頭のメスと面識のあったリンリンでしたがどのメスともうまくいかなかったようです。リンリンが面食いなのか？　それともオスとしての魅力に欠けたのか？　飼育係としてはリンリンが面食いだったと信じていますが……雌のパンダとはうまくいかないリンリンでしたがどの飼育担当者ともうまくやってきたようです。

　とてもおっとりしていて優しい面《おも》もちのジャイアントパンダでした。水浴びが好きで屋内飼育場でも屋外飼育場でも水を浴びる様子が観察できました。屋外飼育場では走り回ってでんぐり返しをしたり木に登ったりする姿を見ることもありました。

　二〇〇二年四月一日から上野動物園の職員になりましたが、このときリンリンはメキシコ出張中で不在でした。リンリンは四月二十四日の夜に帰国します。初対面はリンリンの帰国から一週間後の五月二日。見習い飼育係として一日リンリンの飼育係をやらせてもらうことになりました。このときは二年後にリンリンの飼育係になるとは思ってもいませんでした。

　ジャイアントパンダの飼育係になるきっかけとなったのは二〇〇三年十二月にメキシコからシュアンシュアンというメスが上野動物園にやってきたことでした。繁殖プロジェクトチームの一員としてオシッコに含まれるホルモンという物質を測ることになりました。最初の一か月ほどはジャイアントパンダのオシッコばかり眺める毎日でした。シュアンシュアン来日から三か月後の二〇〇四年四月にジャイアントパンダの飼育係になり、リンリンとシュアンシュアンの二頭のお世話をすることになりました。

一般的なジャイアントパンダの肩から背中にかけての黒い部分は左右でつながっています。しかしリンリンは左右の肩から伸びる黒い部分が背中で途切れていました。これはとても珍しくリンリンの特徴でした。

また、ジャイアントパンダの特徴である前足で「つかむ」という動作。リンリンはつかむよりも「乗せる」パンダでした。しかも掌にのせるのではなく手の甲に乗せるのでした。丸いリンゴもバランスを取り落とさないで食べるリンリン。不器用なのでつかめないのか、それともバランス感覚に優れていて器用なのか？　死後の解剖でその謎にせまりましたが解明できませ

リンリンは、背の黒いラインが真ん中で切れている。

んでした。

一九八五年に北京動物園で生まれたリンリン。一歳半で北京から四川省成都へ一五二〇kmの空の旅。再び北京に戻ったあとにニューヨークへ一万五二三〇kmそしてさらにニューヨークからフロリダへ一六二五km。フロリダから一万二六〇〇kmかけて北京に帰りました。さらにその後、北京から二一一〇kmの成田へ。こうして上野動物園へやってきたのです。しかし、リンリンの空の旅はこれで終わりではありませんでした。メキシコの三頭のメスに会うためにバンクーバーを経由してメキシコシティまでの一万一四七〇kmを三往復しました。リンリンの空の旅は十二回、約十万km。これは地球を二周半したことになります。おそらく世界一空を飛んだジャイアントパンダだったと思います。

好奇心旺盛でおてんばのシュアンシュアンと少し内気なリンリン。自然交配はうまくいかず上野動物園で三回の人工受精に挑みました。シュアンシュアンは高齢のジャイアントパンダだったために妊娠はしませんでした。ジャイアントパンダには「偽妊娠《ぎにんしん》」といって妊娠していなくても妊娠したかのように振る舞うことがあります。シュアンシュアンも二回目の人工授精のあとに妊娠したかのような行動を取るようになりました。出産予定日に向けて飼育係と獣医師が泊まり込むなどの万全な体制を整えましたが出産はしませんでした。

上野動物園では過去にトントンで何度も「偽妊娠」を経験していますが、何度経験しても妊娠と偽妊娠の違いを見破ることができませんでした。

リンリンに老化現象と思われる兆候が現れ始めたのは二〇〇四年の夏頃からでした。それまでは与えられたエサを残すことなくすぐに食べていたのですが、嫌いなものをすぐに食べなくなり始めました。徐々にその傾向は強くなるとともにゆっくり自分のペースで食べるようになっていきました。行動時間も少なくなり、寝ていることが多くなっていきました。その一方で体重が少しずつ増加傾向にあることがわかりました。二〇〇五年にリンリンが二十歳の大台を超えたころから飼育担当者と獣医師で相談しながらエサを見直し、ダイエットをすることになりました。本来の主食である竹をより多く食べさせながら体重を落とす作戦でした。毎日行っている尿検査や体重の増減をもとにエサの内容や量をまめに調節しながら体調管理をしてきました。

半年かかってようやくベストな体重に戻りました。しばらくはその体重をキープし、来園者にも竹を食べる仕草など愛くるしい姿をみせていました。この頃のエサは若いころの三分の二くらいの量に減っていました。そしてこのころからリンリンの白髪疑惑が話題になるようになりました。もともと白と黒がはっきりしない個性的なジャイアントパンダでしたが、さらに白と黒の境目の黒い毛の部分に白い毛が目立つといわれはじめました。いわれてみれば確かに肩の部分の黒いところは……。

そんなリンリンに二〇〇七年の七月中旬頃から竹の採食量が減り、多くのエサをすぐに食べない日が続きました。すぐに食べなくても翌朝までには食べているのですが、それまで食べていたリンゴは全く食べなくなりました。そんなことが一か月ぐらい続いたある日、アゴの下が腫れて少し膨らんでいるのが観察されました。エサに薬を混ぜて与えることにより一時的に症状は無くなりました。しかし、数日後に再発。同様に投薬しましたが腫れが治まらず、なかなかその原因がわかりません。

毎日の行動観察や尿検査、採食・飲水の状況や糞の状態、過去に飼育してきたジャイアントパンダの事例などから心不全であることが疑われました。そして回復に向けての治療が行われることになりました。これまで通りエサに薬を混ぜる方法がとられました。多くの薬は苦いものです。苦いのは大嫌いなリンリン。そこで甘くて好物のナツメに薬を忍ばせ、確実に食べてもらうように手渡しで与えました。最初のうちはうまくいっていたのですが、薬の種類が増えたことに加え、だんだん薬の苦さに気が付いてきてしまったようでナツメを食べなくなってしまいました。そこからはリンリンと飼育係・獣医師の知恵比べの毎日でした。錠剤を細かくしたり、薬をカプセルに入れてからナツメに仕込んだり……ナツメがダメならサトウキビに仕込んだり……最終的にはサトウキビに仕込むことで確実に投薬を続けることができるようになりました。食欲は回復しましたが、年とともに進んでいく衰えにともない少しずつ病状は進行して行きました。

それでも食欲や行動に大きな変化はなく落ち着いた日々を過ごしていました。しかし、二〇〇八年四月中旬から急激に食欲、行動量が落ちていきました。思うようにエサによる投薬ができなくなってしまいました。展示を中止して吹き矢による治療を行いできる限りの治療を行いました。タケノコを食べるなど一時的に回復の兆しが見られたのも束の間、静かに息を引き取っていきました。

リンリンは、上野動物園で飼育してきたジャイアントパンダの中で三番目の長寿、十五年五か月二十五日という上野動物園での飼育期間も二番目の長さでした。獣医師との連携で行ったダイエット作戦がなければ

リンリンとの唯一のツーショット写真。

ばここまで長生きしなかったかもしれません。さらには、ジャイアントパンダ初来日以来、飼育を通じて蓄積された技術や知識、これまでの飼育係や獣医師が残した記録や資料のおかげでした。

パンダだけの返事

東京大学総合研究博物館教授
遠藤秀紀

1

死体の声を聴くのが、あたしの仕事だ。三六五日、二十四時間、あたしは死体を担ぐ。死体を運び、声を聴く。なぜなら、からだの歴史は、声なき骸《むくろ》から聴き出す以外に、解き明かすことができないからだ。

たとえば考古学者は過去を説得力をもって語ろうとするとき、ありとあらゆる情報を逃すまいと、古《いにしえ》を知るための手法を制限しない。ある者は遺跡発掘から建物の姿に迫り、ある者は出土物から昔の人間の暮らしを語り、ある者は文字を解読してかつての社会の意志を探り、ある者は人口や産業から国力を知ろうとする。学者それぞれに得手不得手はあろうとも、闘う相手は過去であり、過ぎ去った時間である。時間軸に対して物理学的再現実験はほとんど無意味だ。実験室にもう一つの地球を創り、四十六億年待つのは、歴史を語る手法ではあり得ない。だからこそ、過去の時間を遡る歴史科学は、手法に制約など付けない。歴史に結びつくありとあらゆるものを手に入れて、解析するのである。

解剖学も同じだ。無制限無目的に死体を集め続ける。様々な死体がなければ、大量の死体がなければ、からだの歴史を論じることはできない。死体は進化の歴史書なのだ。死体を集めるのに、あたしは目的を定めない。合理的な収集計画など策定しないことで、初めて解剖学は真理に到達することができる。死体を取捨選択し、好きな死体ばかり運んでいては、真実には程遠い。ありとあらゆる亡骸《なきがら》に謎を問い、それを博物館に収める。その経過を通じて初めて、人類はからだにまつわる謎の扉を、また一つ抉《こ》じ開けることができる。かくして、毎日、眼の前を数多の動物の死体が通り過ぎることになる。いまでは、動物園で天寿を全うした多くの命が、動物にまつわる新しい知を博物館から生み出している。

その日、骸の山に偶然紛れ込むかのように解剖台にやってきたのは、彼もまた自身の歴史の跡を隠しもつ、白黒模様のずんぐりしたからだだ。

どんな被造物を前にしようが、つねにあたしは冷静である。それが掌《てのひら》に収まってしまうハツカネズミだろうが、妙にかさばるキリンだろうが、建物の床を壊してしまうほど重いアフリカゾウだろうが、無目的に無数のからだを相手にしてきたあたしは、いつでも平常心だ。相手によって心乱れることはない。物言わぬからだは、分け隔てなく話し相手だ。

だから、その日、あたしは呟《つぶや》いた。

「今日はお喋りするか、パンダとやらと」

2

あたしの前を通り過ぎたジャイアントパンダは、全部で四頭になる。フェイフェイ、ホアンホアン、トントン、リンリン。いずれも上野動物園から国立科学博物館に寄贈された死体である。動物園に対する感謝の気持ちでいっぱいである。四頭は、もちろんいまも、骨と剝製が国立科学博物館で活躍している。

解剖学はセンスを要求される。その死体でどういう謎を解こうとするかが、メスを手にする者が求められるセンスだ。四頭から解き明かしたい謎は山ほどある。が、とにもかくにも、まず対決すべきは、掌である。いつものように解剖台の前に立った。そして、フェイフェイの手首、掌そして指先へ視線を沿わせる。見るだけではない。死体相手に本当に謎を解くのは、いつだって死体を触知するあたしの指先だ。

一九三〇年代から、ジャイアントパンダには六本目の〝指〟があると言われてきた。この理論は、パンダの行動の意外に単純な観察から始まったものだ。一見鈍感なこの動物だが、手先だけはあまりにも器用なのである。

手先の巧みさだけで競えば、もちろん我々ヒトが地球上では頭抜けた存在だ。何か物をつかみながら、自分の掌を見てほしい。親指が手首のあたりからクルリと回り、気が付けば親指の先は他の四本の指と向かい合っている。少し難しい言葉で、母指《ぼし》対向性《たいこうせい》というが、要は、親指と四本の指の間に把握対象物を挟み込む。紙片、ボール、湯呑み、鉛筆……。相手が何であっても、ヒトは親指と他の四本の指の間で物をつかみ、器用に操作することができる。からだの歴史に立ち返れば、ヒトは、サルの仲間としてこの母指対向性を獲得することに見事に成功したと考えられる。

フェイフェイを解剖するあたし。1995年、30歳のとき。死体の声を聴くのは、いつもこんな光景である。

他方、ジャイアントパンダはクマのなかまだ。クマは基本的には乱暴な猛獣である。他者を獲物として捕まえて、殺して食べるのがクマの暮らしだ。しかし、かのジャイアントパンダだけは、獲物を狙わない。東アジアの一角で竹やぶに潜んでは、ササを手につかんで、ひたすら食み続けている。本来乱暴に爪を立てるだけのクマのなかまでありながら、パンダだけはしっかりとササやタケを手にしては、口に運んで齧《かじ》っている。

クマのグループは、理由は難解だが、母指対向性を獲得することができなかった。親指を回転させないと、けっしてヒトのように器用に物をつかむことはできない。しかし、親指を回せないクマの一族であるにもかかわらず、パンダは今日もササをしっかりつかんでいるのである。なぜそんなことができるのか。

一九三九年、あるイギリスの動物学者がそこに一つの答えを見出した。それが〝第六の指〟である。掌の親指に近い側に、パンダは橈側種子骨《とうそくしゅしこつ》と呼ばれる大きな骨をもっている。正確に言えば、橈側種子骨はどんなクマにも存在する。違っているのは、パンダのそれは、比率でいうと、他のクマの十倍近くにまで大きくなっているのだ。

母指対向ができなくても、パンダは五本の指をただ曲げるだけで、掌にあるもう一本の指が支えになって、上手に物をつかむことができるというのが、この時に唱えられた理屈である。ヒトと異なり、親指は他の指と向かい合わない。しかし、もう一本、〝指〟のような骨が掌から突出していれば、ササを落とすことなく掌中に挟み込むことができるのである。「五本の指対橈側種子骨」という疑似の母指対向性が、パンダで成り立っているという大発見だった。

フェイフェイの掌に、パンダのからだの歴史を尋ねる。だが、答えは学説と異なっている。〝第六の指〟の動きを、指先でなぞっていく。

「違う」それが、あたしの結論だった。「どうしても、違う」

把握のための支えは、橈側種子骨だけでは不十分なのである。大きいとはいえ、掌のササを手首から支えるには、橈側種子骨はまだ貧弱に過ぎる。さらに言うと、橈側種子骨は掌の骨にしっかりと接着してしまっていて、独自に運動することができないのである。〝第六の指〟が他の五本の指と向かい合ってうまく物をつかむなら、〝第六の指〟自体がもっと自由自在に動かなければならないはずだ。つまりは、もっと広い可動性をもっていないといけないのではないか。あたしの疑問は、一九三〇年から唱えられてきた〝第六の指〟に、新たな困惑をもちこんでいた。

3

抱いた疑問を次にぶつけた相手は、二頭目のパンダ、ホアンホアンの死体である。子沢山で親しまれたこのフェイフェイの伴侶に、満を持してCTスキャナーを用意していた。

解剖学はおよそ学問の中でもかなり古い部類に入る。動物の骨とくれば、二千年以上、学者によって研究されてきている。しかし意外にも、語られてきた骨は、静物がごとき〝動きの無い骨〟でしかない。動物が生きている以上、骨は動いてこそ意味がある。それをパンダで実行すべく、少し新しい洒落《しゃれ》たメスを手にしていたのだ。

CTスキャナーは死体から骨の形状を三次元の画像として抽出することができる装置だ。X線を使うことで、死体を非破壊のまま、繋がった骨だけにすることができる。ということは、死体の関節を動かしつつ何度もスキャナーでX線撮影を繰り返せば、アニメーションのように生前の骨の動きを、死体から再現できるのである。死体による運動シミュレーションというこの手法こそ、ホアンホアンに適用しようとする、その時点で最新の研究手法だった。

肩から外したホアンホアンの腕に、何度も繰り返しX線を当て、スキャナーで三次元像を作り出す。当時のCTの性能では、腕一本でも一晩かかる作業である。だが、甲斐あって、出力されてくる三次元像には、驚くべき真実、〝第七の指〟が写し込まれていた。

ジャイアントパンダの手は、五本の指プラス橈側種子骨だけでは完結しない。もうひとつ、今度は小指の側の掌に、突起が存在するではないか。そう、まさしく〝第七の指〟が存在するのだ。

解剖学はそれまで、この小指側に出る骨の突起を見逃してきたわけではない。副手根骨《ふくしゅこんこつ》という名称でしっかりとその位置を認識してきた。だが、副手根骨の本来の役割は、四本足で動物が歩くときの前足の接地装置だ。つまり四本足で動物が歩くとき、どうしても前足を降ろして、最初に地面に接触させる部位は手首になる。その手首の領域で、接地時に体重と衝撃を受け止めてきたのが、副手根骨なのである。

副手根骨イコール歩行のための体重支持装置という公式は、解剖学のプロにとっては常識的に過ぎる。だからその骨を、物を握る把握装置として用いているということには、専門家ほど思いもよらない。そこに登場したのが、ホアンホアンの死体シミュレーションの画像だった。確かにパンダは、ササをつかむときに、歩行はしていない。体重のかからなくなった副手根骨は、本来の歩行運動とまったく異なる肢端把握《したんはあく》運動機構に取り込まれ、〝第七の指〟として機能するのである。

三次元像では、橈側種子骨＋副手根骨の、〝第六の指〟＋〝第七の指〟が、まさに他の五本の指と向かい合っているではないか。これなら〝第六の指〟が少しくらい小さくても、また独自の運動性をもっていなくても、まったく問題ない。〝第七の指〟がそれを補うべく、小指寄りに控えているのだ。

ヒトが四対一の母指対向性を実現しているのに対して、ジャイアントパンダが把握機構として備える仕組みは、実に、「五本の指対（橈側種子骨＋副手根骨）」、すなわち五対二なのである。これを、あたしはダブルピンサー、すなわち二重ペンチと表現しつつ、理論として発表した。

五対二の五の方は、鋭い爪が生えていることを除けば、我々ヒトの五本指とまったく同じ概念である。違うのは二の方だ。本来は指ではないある意味瑣末な二つの骨を、ジャイアントパンダだけは物を握ることに転用している。〝第七の指〟に至っては、もともとは四本足で歩き回るときの着陸装置として使われてきた。それを、物をつかむのに使うとは……。この相手は、ただの人気者では終わらない。

4

「今日はお喋りするか、パンダとやらと」

その日、眼の前にホアンホアンが横たわっていた。

「話そうや、ちょっとだけ」

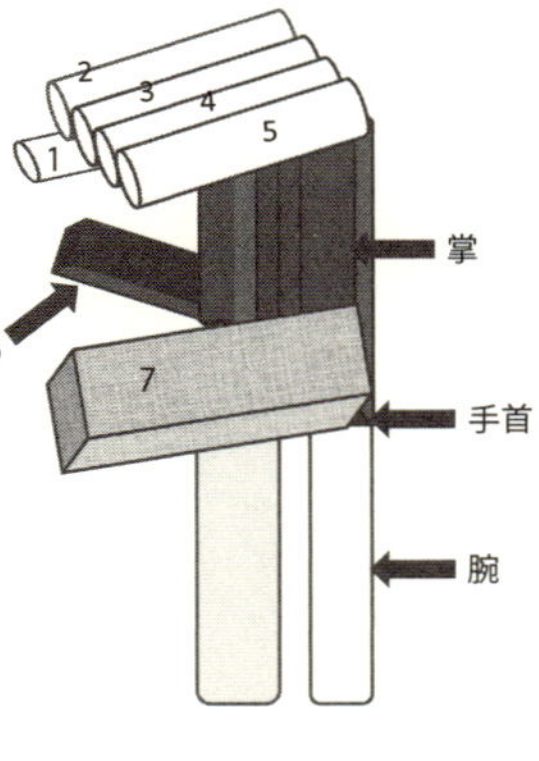

ジャイアントパンダが物を握る仕組み、二重ペンチ構造。ササをつかむ時の骨の模式図を左手で示す。腕、手首、掌が並ぶ。1から5は、親指、人差し指、中指、薬指、小指。本物の指は、あくまでもこの5本だけである。一方、親指側の掌部分からは“第六の指”（橈側種子骨）が飛び出している（6）。小指側の手首付近から伸びるのが“第七の指”（副手根骨）だ（7）。四本足で歩行する際、副手根骨は前肢が着地する時に体重を支える着陸装置となっている。だが、物を握ろうとする時、この骨は“指”に化ける。（橈側種子骨と副手根骨は、強調して大きめに描いた。）

死体に這わせた指が、とんでもない事実をあたしに告げる。尋ねる自分。応じる死体。だが、その返事は、あたしの、いや学問の想像をはるかに超えている。

あたしは耳を疑った。

「私は、六本指ではない……」

誰も知らない真実を自分の指先が手繰り寄せる。返事を聴くのは、生身のあたしだ。死体からの発見の場面は、当然いつも、喜びの時間だ。それは、至福の体感となる。だが、パンダのときだけは、違った。

怖かった、のだ。

〝第六の指〟の存在は人類既知の事実である。〝第七の指〟も、ただの接地装置としてなら、ダーウィンも進化論も無い時代から、解剖学は何百年もその事実を語ってきた。しかし、六と七が絶妙に組み合わさって、あたしに答えを返してきたとき、突如、この白黒の人気者は、キラリと光る発見の場に躍り出た。

自分の指先が事実を畏れたのは、まだこのときだけだ。あたしの何より怖ろしい瞬間が、そこにあった。

パンダの〝草食系〟に違和感

生物学者
福岡伸一

このところの中国の科学研究の邁進ぶりにはものすごいものがあります。中国発の論文数は激増し、ネイチャーやサイエンスといったトップランクの専門誌にもしばしば中国チームの研究論文が掲載されています。国を挙げての科学振興とともに、それを支える研究者たちが育っているのです。彼らの多くはアメリカなどで研究修業を積んだ後、母国に戻った、通称「海亀族」です。

私がハーバード大学に留学していた頃にも、優秀な中国人研究者たちが周りにいました。同じラボにも、北京大学をトップで卒業した女性がポスドクとして仕事をしていましたが、驚くべき勢いと集中力で仕事をこなしていました。二人の子供を育てながら、分子生物学の実験を進める彼女の口癖は「私には時間がない」でした。彼女は今、ある大きな研究所のプロジェクト責任者です。

そんな最近の中国発ネイチャー論文のひとつは、パンダの全ゲノム解析です。なんといってもパンダは中国の専売特許ですが、上海にある遺伝子研究所などのチームが明らかにしました。研究所の映像を見たのですが、広大なフロアにＤＮＡ解析装置とコンピューターがならび、人々が静かに研究を進めています。パンダだけでなく、さまざまな生物のゲノム解析を行っているそうです。短期間のうちに、中国は世界第一線の実力を身につけたのです。

パンダのゲノムを解析してみると非常に興味深いことがわかりました。舌の上でグルタミン酸のうまみを感じとるレセプターの遺伝子が、パンダでは機能していなかったのです。グルタミン酸は、タンパク質を構成する主要なアミノ酸。ふつうわれわれヒトを含む動物は、グルタミン酸を「おいしい」と感じることができるがゆえに、食物としてのタンパク質のありかを求め、生命活動に必須のタンパク質を摂取できているのです。つまり「うまみ」レセプターは、動物を動物たらしめた、進化上の大発明といえるわけです。グルタミン酸を感じる「うまみ」レセプターの働きがないということは、パンダは肉をおいしいと感じないことになります。

どうりで、パンダたちは日がな一日、竹ばかりかじっているわけです。しかしパンダはもともと猫の仲間（大熊猫）。そこでこんなストーリーが考えられます。肉食の猫に、あるとき突然変異が生じ、「うまみ」レセプターが欠損した。肉がおいしくなくなった猫たちは、狩りをやめて、竹林に入った。そこは安全で、竹をめぐって競争する相手もいない。こうして新しいニッチを得た猫たちが、パンダへと進化を遂げた……。

しかし話はこれで終わりではありません。竹を主食にするとはいっても、パンダは、牛や羊のような完璧な草食動物になったわけでもないのです。

草食動物たちは長い消化管と複数の胃の中に、植物繊維を分解できる腸内細菌を住まわせ、反芻しながら消化を行います。植物繊維の主成分はセルロースで、腸内細菌が出すセルラーゼという酵素で分解されてはじめて栄養分になります。しかしパンダは、このようなセルロース分解菌の働きが強くありません。それゆえパンダは一日の栄養必要量を満たすために膨大な量の竹を食べています。その量およそ四十キロ。そして竹の葉や繊維は未消化のまま糞となって排泄されます。実際、パンダの糞は草団子そのもので、臭くありません。肉食でもなく草食でもない、中途半端な位置にある動物なのです。つまりパンダはなお進化途上にあるといえるのです。

日本初ふたごパンダ出産

アドベンチャーワールド　山中倫代
アドベンチャーワールド　熊川智子

はじめに

ジャイアントパンダはその特徴的な模様や愛らしいしぐさから、多くの人々に親しまれている動物です。しかし、野生での頭数が少なくさらに繁殖が難しい動物であることを知っている方は、どのくらいいらっしゃるのでしょうか？

一九七〇年代後半、中国の生息地で餌となる竹が広範囲に枯死し、多くのパンダが死亡したり弱って保護されました。また、生息地の開発によりパンダは住むところも奪われ、その数が激減する結果となってしまいました。

パンダを絶滅の危機から救うには、生息環境の保全と飼育施設で繁殖研究を推進するという二面から取り組む必要があります。動物園や保護施設では、採食や繁殖行動など生態の研究および化学的分析を行い飼育下における繁殖を推進すること、およびパンダの現状を一般の人に知っていただき、理解と協力を得ることが大きな役割です。

一九九〇年に入ると繁殖技術の進歩により、中国国内でのパンダの繁殖数は少しずつ増加していきました。

中国政府は、生息地の保護や研究技術の進歩に必要な資金調達および海外の専門家の協力を得ることを目的に、ブリーディングローン制度（繁殖のために動物を貸し借りする制度）を利用し、その第一弾としてアドベンチャーワールドが繁殖研究のための飼育許可をいただきました。白浜の自然環境、竹資源およびチーターなどの希少種の繁殖実績が高く評価され、さらに（社団法人）日本動物園水族館協会の支援が実を結んだ結果でした。

一九九四年世界で初めてのブリーディングローンによりパンダが導入され、日中共同繁殖研究がスタートしました。一九九六年以降現在までにアメリカで四施設、日本一施設、オーストリア一施設、タイ一施設の計七施設で同様にパンダが導入され、世界中で希少動物ジャイアントパンダの保護繁殖を目指したプロジェクトが行なわれており、毎年国際ジャイアントパンダ会議が開催されています。

アドベンチャーワールドに二歳のペアが来園してから、すでに十二年が経過しました。現在ではパンダの赤ちゃんが次々と生まれ、世界に誇れる繁殖研究の成果を得ることができました。この間すべてが順風満帆のように見えますが、振り返れば悲しかったこと、苦労したことなど様々なことが思い出されます。人間の記憶が風化していかないうちに、また次世代の人に伝えるためにもアドベンチャーワールドでのジャイアントパンダファミリーのストーリーを書き残すことにしました。

パンダがやって来た!!

一九九四年九月六日、開港して三日後の関西国際空港に初のＶＩＰが到着しました。待ちに待った『永明（エイメイ　オス）一九九二年九月一四日北京動物園生まれ』と『蓉浜（ヨウヒン　メス）一九九二年九月四日成都動物園生まれ』です。まだまだ幼く、共に二才です。中国四川省成都からやって来ました。テレビ局や新聞社がカメラを構え、緊張のなか手続きが終ると白浜に向かって慌ただしく出発しました。パンダの物語の始まりです。

アドベンチャーワールドに到着したのは、日付けが変わろうとした夜中のことでした。飛行機の到着が遅れ、社員の大多数が一度帰宅しました。数時間後また正面入り口に集まって、わくわくしながら赤提灯を手に出迎えました。その時私は、パンダが入る動物舎を念入りにチェックし受け入れ準備を整え、ドキドキ緊張しながら待っていました。担当を言い渡されてから約一ヶ月、パンダが来る日を今か今かと首を長くして待ち望んでいました。ついにその時がやって来たのです。

待っている間に思いが膨らんで、大きなトラックでやって来ると想像していました。

「アレッ?」

と、拍子抜けしてしまいました。動物舎に近づいて来たのは、小型のワゴン車だったからです。ワゴン車の中に二つの輸送檻が納まっており、はじめて見たパンダの印象は、

「ちっちゃい!!」

でした。そして、パンダとともに中国研究員二名も来園しました。中国研究員は、一年交代で、これから私達と共同で研究を進めて行きます。うまくコミュニケーションがとれるか不安でした。彼ら二人はテキパキと作業し、到着したパンダたちを動物舎に収容していく姿は自信に満ちているように感じました。その日は泊り込みで、観察を続けました。

物怖じしない永明は、すぐに輸送檻から出て餌も食べましたが、蓉浜は、輸送檻から出ようとせずクンクンと不安げにいつまでも鳴いていたのを覚えています。私はこんな間近でパンダ

を見るのも初めてでしたし、鳴き声もその時初めて聞きました。なんてかわいい動物なんだろう、と見入ってしまいました。これからの共同研究の事を考えると身の引き締まる思いでした。

ふたごパンダ出産——隆浜（リュウヒン　オス）・秋浜（シュウヒン　オス）の誕生

パンダの妊娠期間は三〜五ヶ月、人間で例えるならニワトリの卵一個分の大きさの赤ちゃんを産むと聞いて、人間のお母さんはどう思うでしょうか。

人間の赤ちゃんは十月十日《とつきとおか》お母さんのお腹の中で、栄養をたっぷりもらい生まれてきます。

パンダは短い妊娠期間で生まれるので、ほとんど毛も生えていない目も開いていない、とても未熟な状態で生まれてきます。暖かい布団もないような寒い場所で、母パンダの腕の中で温めてあげないとすぐに凍えてしまうような大きさです。カンガルーなど有袋類のようにお腹にポケットもありません。

パンダはクマに近い仲間ですが冬ごもりはしません。冬ごもり中に出産するクマなら、二、三ヶ月身動きもせず穴の中で子育てに専念できますが、パンダの場合は飲まず食わずというわけにはいかないのです。未熟な赤ちゃんを抱いたまま自分の事もしなくてはいけません。とても難しい子育てをするパンダは、一頭の赤ちゃんを育てるのも至難の業です。自然界でパンダが絶滅の危機に瀕している原因の一つに、未熟な赤ちゃんを産む事があげられています。動物園でパンダがふたごを産む確率は約五〇％です。そして、ふたごのほとんどが人工保育で成長しています。

二〇〇三年春、永明と梅梅（永明といっしょに成都からやってきたメスの蓉浜は、一九九七年七月十七日に死亡しました。花嫁候補を探した結果、「梅梅《メイメイ》」が二〇〇〇年七月七日に来園しました）にとって二回目の恋の季節がやって来ました。永明は梅梅の事が気になって仕方がありません。柵越しに梅梅が見えると、すぐに近づき猛アピールをします。恋の季節のピーク時には永明の肢《あし》の裏から血がにじんでいました。梅梅は二〇〇〇年に来園してから今回で三回目の出産を迎えます。永明との交尾が成功し、出産まで約一〇〇日の妊娠期間待つだけです。「今度こそはふたご！」という期待が高まります。

とても小さな赤ちゃんを産むパンダはお腹が膨らまないので、妊娠しているのか、ましてふたごかなんていう事は見た目で分からない動物です。しかし梅梅は過去三回の妊娠・出産は一〇〇％の確率で成功しています。しかも「私、妊娠したわ！　もうすぐ生まれる！」と言っているように、出産前一ヶ月から急に採食量が上がったかと思うと、急に睡眠時間が増えたりと、出産前の兆候が手に取るようにわかる、私達にとってはとてもありがたい母パンダなのです。

Xday

出産予定の二週間程前から二十四時間の監視体制が始まりました。しかし、誰もが「自分の宿直当番の日は生まないで！」と心の中で願っていました。なぜなら、夜中の観察は一人ぼっちだからです。しかも、出産前にはいつもいる中国研究員がいなかったのです。前任の中国研究員は半年の任期が終わり帰国した後で、後任の方の来日が遅れていたのです。良浜《ラウヒン》（二〇〇〇年九月六日生まれ）、雄浜《ユウヒン》（二〇〇一年十二月十七日生まれ）の出産を経験したスタッフはいましたが、やはり不安でした。

二〇〇三年九月七日の宿直当番は私でした。梅梅の前で「お願い、明日にして……」と小声でお願いしました。いつも通りの観察が終わり、「さあ、みんなも寝た事だし寝ようか……」なんてひとり言を言いながらベッドに入り、パンダランドに静寂が訪れた頃「ハアハア……」と荒い呼吸音が響き渡りました。私はベッドから飛び起き、「誰？」…「梅梅？」と動物舎内を歩き、梅梅の部屋の前で足を止めました。そう、梅梅の呼吸が異常に荒く早かったのです。「苦しいの？」…「生まれる？」と問いかけても梅梅の呼吸は荒いままです。私は自分に

「落ち着けー落ち着けー」と言い聞かせながら梅梅の呼吸数を数えました。

しかし梅梅は、私がアタフタしているうちに、スヤスヤと気持ち良さそうな寝息を立てて寝てしまったのでした。

「他のスタッフに連絡すべきだろうか？　今は梅梅普通だし……、さっきは何だったのだろう……」いろいろ考えながら梅梅の部屋の前で一夜を過ごしました。

翌九月八日、次々とスタッフが出勤し、昨夜の出来事を熱く語っても「普通じゃん！」とあしらわれるくらい、梅梅はいつも通りムシャムシャと竹を食べていました。

しかし、昼頃から急に梅梅が苦しみ始めたのです。昨晩と同じ荒い呼吸音、大きな爪でコンクリートの床や壁をバリバリとかきむしる音が、動物舎の中に響き渡りました。スタッフ全員に緊張が走りました。

梅梅が苦しみ悶えている姿、お腹を抱え歯を食いしばり痛みに耐えている姿。背中を擦ってあげたくなる心境を抑え、私達は見守るしかありませんでした。

午後四時頃、梅梅はお腹を丸めるように座り、陰部を舐め始めました。

「もうすぐだ！　頑張れ梅梅！」

スタッフ全員が梅梅を睨《にら》み付けるような眼差しで見守り、両手をグーに握っていました。梅梅は殺気を感じたのでしょうか、私達に背中を向けてしまったのです。

午後四時二十九分、梅梅のお尻がグッグと持ち上がった瞬間、「オギャー」と大きく元気な産声が上がりました。梅梅はすぐに赤ちゃんを胸元までくわえ上げ太い腕で覆い、まだ濡れている赤ちゃんを舐めて暖め始めました。

自分の大きさほどある梅梅の舌で舐められ赤ちゃんは「グググ……」と気持ち良さそうに鳴いていました。

ホッと一安心した私達は、まだ背中を向けている梅梅を落ち着かせるため、交代で観察をすることにしました。

一頭目の出産から一時間後、梅梅がお尻をググッと持ち上げ始めました。

「二頭目だよ！　ふたごだ！」

と思わず大きな声を出した後「しー！」と言われ、パッと口を押さえ肩をすくめました。アドベンチャーワールド初のふたごです。日本初のふたごパンダです。

スタッフ全員が慌しく動き始めました。「保育器のチェック！」「滅菌済みのタオル！」ひとつずつ声にしながらチェックを始めました。なぜならふたごだからです。

とても小さく生まれてくるパンダは、ふたごの場合はもっと小さく生まれてしまうのです。その育児は大変難しく、母パンダはどちらか一頭しか育てられないといわれています。

中国ではふたごが生まれた場合、一頭を母親に抱かせ一頭を人間が預かり、母親の隙をみては赤ちゃんを交換し母乳を飲ませる「すり替え」という方法で子育てをする事が普通です。子育て上手な母親は、知らないうちに育児放棄された赤ちゃんを何頭も育てていることもあるくらいです。

私達は梅梅の赤ちゃんも一頭を預かり、すり替えをしなくてはいけないと思いました。

梅梅は一頭目の赤ちゃんをしっかりと抱いたまま、必死に二頭目の陣痛の痛みに耐えている様子でした。

午後六時三十分、交代で観察を続けていたスタッフから、

「何か出たぞ！　……破水だ！」という声が上がりました。梅梅の陰部から、いきみに合わせて羊水がピューっと出たのです。私はそばに置いていたビデオカメラを掴み、梅梅から一m位の所でそっと座りその時を待ちました。

いきみに合わせて陰部から風船の様な物が、出たり入ったりしたその時でした。ピョンと飛び出るように午後六時四十分、二頭目の赤ちゃんが「オギャー！」と大きな声を上げ生まれました。

梅梅の腕の中で寝ていた一頭目の赤ちゃんも驚いたのか、「オギャー」という鳴き声の二重唱がパンダランドに響き渡り、周りにいたスタッフにも笑みがこぼれました。

二頭の赤ちゃん達は梅梅の腕の中でよく動き、「おっとっと」とお手玉のように今にもこぼ

れ落ちそうでした。梅梅は二頭の赤ちゃんをしっかりと腕に抱き舐め、暖め始めました。大きな声で鳴いていた赤ちゃん達は、梅梅の呼吸で揺れる、大きな揺りかごの様な胸の中でスヤスヤと眠りにつきました。

この感動を味わったのはスタッフだけではありません。朝からソワソワと落ち着かない人？パンダがいます。陣痛で苦しんでいる梅梅の部屋の外側を、ウロウロ行ったり来たり、お父さんの永明です。朝から大好きなリンゴも喉《のど》を通らないほど梅梅を心配していました。永明はまるで分娩室の前で待つお父さんのようでした。一頭目が生まれた後、閉園時間が過ぎ部屋に戻った永明は、産室が見える部屋で二頭目の赤ちゃんが生まれる時、梅梅をじっと見守っていました。永明は梅梅と赤ちゃん達の様子をじっと見て「僕の子供だよ」と言っているようでした。

三日三晩

人間の赤ちゃんも生まれて間もない頃は、数時間おきにオッパイをあげなければいけません。パンダも同じです。

一頭ならまだしもふたごの赤ちゃん達は、それぞれお腹が空くと鳴き、オッパイをせがみます。梅梅は熟睡する事も出来ず、せっせと赤ちゃん達にオッパイをあげていきます。

梅梅の両手はふたごを抱くため塞《ふさ》がったままです。体勢を変えようと少しでも動こうとすると、よく動く赤ちゃんが腕からこぼれ落ちそうになります。

私達は、身動きのとれない梅梅に餌を食べてもらうためにそばにそっと座り、大好きなリンゴや一口サイズに切った竹の葉などを口元まで運び、栄養を摂ってもらいました。もちろんそれだけでは出産直後の母親には不十分です。

少しずつ気を許してくれた梅梅に、私達は育児中特別メニューのパンダミルクを与えました。最初は、少し飲んでは腕の中で動く赤ちゃんが気になり、すぐに飲むのを止めてしまいました。しかし、出産という大仕事を終えた梅梅は、この特製パンダミルクを皿まで食べてしまいそうなくらいきれいに舐めて、飲み干すようになりました。

梅梅は私達が驚くほどしっかり、二頭の赤ちゃんの面倒をみています。しかし私達は、どうしても赤ちゃん達の健康診断と性別のチェックをしなくてはなりません。

梅梅の腕の隙間から見える赤ちゃんの一頭が、少し小さく見えました。

「ちゃんとオッパイが飲めているの？　小さくない？」心配の種は尽きません。

生後二日目、梅梅は心を開いてくれたのか、私達の方を向きスムーズに餌を食べてくれるようになりました。

「チャンスだ！　次のミルクの時間に二頭いっぺんに取り上げよう」

失敗は許されません。

案の定、梅梅はミルクに夢中です。大きなお皿を梅梅の口元まで運び、梅梅の視界を遮ります。梅梅が飲み始めてすぐ、スタッフが梅梅の胸元に手を伸ばしました。

一頭目をすばやくタオルに包み、再び胸元へ手を伸ばします。「オギャー！」赤ちゃん達が大きな声で鳴きました。

「梅梅が気付く！」二頭目の赤ちゃんも素早くタオルに包み、梅梅の前から立ち去りました。一方の梅梅はまだミルクに夢中で気付いていないようでした。

まずは体重測定。大きい赤ちゃんは一六七グラム、小さい赤ちゃんは一〇六グラムでした。二頭ともお腹がパンパンに張っていて、オッパイを飲んでいることがわかり一安心しました。私達は腫れ物を触るような慎重な手つきで、赤ちゃんの写真やビデオを素早く撮りました。

中国ではここで一頭を保育器に残し一頭を母親の元に返す、「すり替え」をするのが普通の方法です。

国際電話で中国側との話し合いが始まりました。

2頭を区別するために、マークをつける。

「安全かつ確実な成長を望むなら、『すり替え』をしたほうが良い」
「赤ちゃん達の体重は充分だ」
「いや、『すり替え』をしよう」
「しかし、梅梅はしっかり二頭の面倒を見て、赤ちゃんも母乳を飲んでいる。梅梅に任せよう」……

ここで大きな決断を下す時がきました。中国側が日本側の意見を了承してくれたのです。大きな賭けに出ました。梅梅にふたごの育児を任せることにしたのです。

ふたごを抱いていても分りやすいように、大きい赤ちゃんの頭と尻尾の先に紫色の無害な染料でマークをつけました。そして梅梅にそっと二頭の赤ちゃんを戻しました。

二頭ともオチンチンがついている男の子でした。私達は、まだ名前の付いていない赤ちゃん達を「大ちゃん」「小ちゃん」と呼び、梅梅の世界初ふたご育児を見守る事にしました。

梅梅は四回目の子育てでも、慣れた手つきでふたごの世話をしていました。

赤ちゃんが交代でぐずりオッパイをせがんでも、梅梅は「はいはい！」と言っているかのように、まだ目の開いていない赤ちゃんを、オッパイの所まで押し上げ飲ませていました。飲み終わってもまだぐずっている赤ちゃんのお尻を舐め、ウンチやおしっこの世話。両手だけで足りない時は後ろ足を使い、赤ちゃんが落ちないように支えたり、猫の手も借りたいような忙しさに見えました。

　生後一週間が経つ頃、梅梅の赤ちゃんを抱く姿勢に変化が見えて来ました。

　ずっと同じ態勢で座ったまま赤ちゃんを抱き続けていた梅梅は、横になりたかったのか赤ちゃん達を片腕に乗せ、アゴともう片方の腕で腕枕をしているような態勢で寝るようになりました。赤ちゃん達の体毛が生え揃い、もう床に下ろしても大丈夫です。梅梅に束の間の休息の時が出来ました。

　私達は梅梅に手渡しでエサを与えていましたが、どんどん大きくなる赤ちゃん達のオッパイを出す栄養分が必要でした。

　梅梅が赤ちゃん達を抱いている場所の反対側に、最高級の竹を置きました。梅梅はしばらく竹を見つめていましたが、すぐに

赤ちゃんを腕まくらする、お母さんの梅梅。

は動きません。「まだ早いのか？」そう思いましたが梅梅には考えがあったようです。

「あの美味しそうな竹を食べるには……」と思ったかも知れません。腕の中で寝ている赤ちゃん達が熟睡するのを待っていたようです。

梅梅はそーっと起きないように赤ちゃんを床に置き、静かに竹の所まで移動し、久しぶりに竹を両手で掴んで食べました。こうしてふたごの成長が進むにつれ、梅梅は少しずつ自分の時間が持てるようになったのです。

出た！　グルグル

「見て！　これグルグル？」

二十四時間体制で観察を続ける中で、宿直当番明けのスタッフがビデオを見せてくれました。かなりぎこちない方法でしたが、確かに「グルグル」でした。私達は「早くない？」と言葉を合わせました。良浜、雄浜の時は、生後一ヶ月半くらいから見られたあやしかたでした。今回は生後三週間です。

前回までは両手で頭とお尻を支えてまわしていましたが、今回はふたごです。ビデオに映っていたのは、一頭を片腕に抱きもう一頭を口にくわえ、もう片方の手でグルッと一回転半回しているシーンでした。きっと初めて見る人には、赤ちゃんを頭から食べているようにしか見えないと思います。梅梅はそれぞれにぐずる赤ちゃんを、手っ取り早くあやせる「グルグル」を始めたのかも知れません。私達は「ここまで来ると梅梅もベテランママだね！」なんて言えるくらい安心して、梅梅の子育てを見る事ができました。

命名

九月八日に生れたふたごパンダは生後一ヶ月が過ぎ、今まで「大ちゃん」「小ちゃん」と呼んでいた赤ちゃん達に名前が決まりました。

「大ちゃん」には、雄大な太平洋に面した海辺の町・白浜で生まれたオスとして勢いよく成長し、パンダ大家族の幸せが豊かにふくらみ、大きな広がりになっていく事の願いが込められ『隆浜（リュウヒン）』。

「小ちゃん」には、晴れやかな秋に海辺の

ふたごを「グルグル」してあやす梅梅。

町・白浜で生まれたオスとして立派に成長し、秋の日和のように明るく賑やかなパンダ大家族の中で大きく育ってほしい、との願いが込められて『秋浜（シュウヒン）』と命名されました。

大冒険

「きゃ〜！　かわいいー」「うぉぉ〜」

凄い歓声が上がりました。世界初のふたごの育児は順調に進み、二〇〇三年十一月二十二日に一般公開が始まりました。

今まではパンダランド内の産室で過ごしていた梅梅親子は、屋内運動場にデビューしました。それまではテレビや雑誌などでしか見る事が出来なかった日本初のふたごパンダを、一目見ようとたくさんの人がパンダランドに来られました。

梅梅はたくさんの人に見られても、落ち着いて立派な子育てぶりを披露しました。

一般公開当初のふたごは生後二ヶ月。まだしっかり目が見えていない状態で、一日のほとんどを寝て過ごしていたふたごを見て「あれ人形じゃないの?」「動かないから面白くない!」などの声も聞きました。

しばらくすると目が見えるようになり、隆浜は生後九十七日、秋浜は生後一〇六日からよちよち歩きが出来るようになりました。

歩けるようになったふたごは、行動範囲が広がり少しずつ梅梅から離れる時間や距離が長くなりました。「隆浜・秋浜大冒険！」です。冒険といっても最初の距離は五メートルほどで、少し進んでは梅梅の下へ走って戻り「母ちゃん！　遠くまで行ってきた！」と報告しているようでした。その姿はまるで電池仕掛けのぬいぐるみのようで、見る人のハートを鷲掴《わしづか》みにしました。

生後五ヶ月がたつ頃、隆浜と秋浜が動物舎内の柵に登って遊び始めました。親離れの第一段階、木登りの練習です。パンダにとって高い所は安心できる所です。自然界でも親と離れて過ごす時は、木の上で身を隠して過ごします。これを見て私達は、運動場に遊具として登れる木を置きました。最初はおっかなびっくりでしたが、この木が大のお気に入りです。特に隆浜は朝一番で木に登ると夕方まで降りてこず、夕方まで木のてっぺんで引っかかっている状態でした。よくお客様に「引っかかっている」とか「降ろしてあげて！」など言われるくらいです。迎えに行かないと帰って来ない日がほとんどで、「木登り大好き隆ちゃん」とあだ名がつくほどでした。

生後六ヶ月、次は親離れの第二段階、竹を食べる練習です。最初は梅梅の食べている竹を、おもちゃにして遊んでいるだけでした。次第に梅梅の真似をして、口に入れたり噛んだりしますが、気持ちが悪いのか「べぇ～」と出してしまいます。竹を食べられるようになるのは一歳くらいで、乳歯から永久歯に生え変わってからです。それまでは、梅梅のオッパイが一番のようです。

中国では、母親が毎年出産できるように、次の恋の季節に合わせて子が生後半年くらいで母親から離し、人工保育で育てます。母乳でふたごを育てている梅梅は、どんどん大きくなるふたごに飲ませるだけの、母乳の量が足りなくなってきました。私達は梅梅の母乳では補えない分を、パンダミルクで与え始めました。パンダミルクは人間用の哺乳瓶で与えます。最初は哺乳瓶を支えないと飲めなかったふたごは、器用に両手で哺乳瓶を持って飲めるようになりました。

梅梅の母乳と私達の作ったパンダミルクをたっぷり飲み、ますます大きく成長する隆浜と秋浜を、「一歳まで梅梅に任せましょう」と中国側との話し合いで決め、私達は毎日梅梅の肝っ玉母ちゃんぶりを、見守っていました。

哺乳瓶で仲良くパンダミルクを飲む。

※本文中のは中略であることを示す。

神戸にパンダがやってきた

神戸市立王子動物園専門員　奥乃弘一郎

天津動物園との交流

神戸のパンダについて語るには、まず、神戸と中国とは老朋友（古くからの友人）という話をしなければなりません。飛鳥奈良時代、大陸からの使節団は、都に入る前、はやり病を防ぐために、敏馬《みぬめ》の泊《とまり》に滞在しました。現在地は王子動物園から南へ約八〇〇メートルにある敏馬神社の前の国道二号線あたりです。平安時代に平清盛が修築した大輪田《おおわだ》の泊において宋との、室町時代には兵庫津《ひょうごのつ》において明との貿易が盛んに行われました。そして、神戸港が開港一五〇年を迎え、身近な例では一九六六（昭和三十一）年日中友好協会の仲介により王子動物園のフンボルトペンギンと北京動物園のコウノトリを交換したことなど、民間の友好交流により老朋友へと関係を深めてきました。

一九七二（昭和四十七）年九月二十六日、日本と中国とが国交を回復する三日前、当時の宮崎辰雄神戸市長が青少年水泳代表団の団長として訪中し、文化スポーツなどの友好交流について、周恩来首相と会談しました。翌年には、周首相直々の斡旋により、神戸市は、天津市と友好都市提携を結び、天津市にとって世界初の友好都市となりました。以後、天津に開設した神戸天津経済貿易連絡事務所を拠点に、経済、港湾、文化、教育など、天津市や中国政府と様々な交流や協力事業を行い、成果を上げてきました。友好動物交流もその一つで、王子動物園と天津動物園とは、一九七六年王子のキリンと天津のタンチョウ・オオヤマネコとを交換したことから始まり、これまでに十六次合計三十七回にわたり四十五種一三七個体の動物が親善大使として行き来しています。

一九八一（昭和五十六）年三月十日から九月十七日まで、ジャイアントパンダ「サイサイ（寨寨）、オス、五歳」と「ロンロン（蓉蓉）、メス、十六歳」が天津動物園から神戸へ派遣されてきました。神戸港沖に造成された人工島ポートアイランドの街開きを記念した「都市博覧会ポートピア'81」（略称、ポートピア博）に天津市が参加して、展示目的の短期貸し出しでした。

博覧会の記録によると、当時の宮崎市長は、一九七八年に博覧会の構想を打ち出した時、子供たちを喜ばせるため、是非この機会にパンダを招こうと真っ先に考え、天津市に申し入れたとのことでした。そして開会までにはまだ三年ありましたが、早々と王子動物園の職員がランラン、カンカンのいた上野動物園へ視察調査を行っていました。パンダ派遣が決まったのは開催のわずか一年前です。広州市から借りたパンダを短期展示していた福岡市動物園への視察、神戸市北区から竹の調達、パンダ館の建設など準備は急ピッチで進められました。博覧会会期中の飼育には王子動物園側四名と天津動物園側四名の合同チームがあたり、パンダの観覧者は一〇〇〇万人を超え、親善大使の役目を十二分に果たし、ポートピア博は大成功となりました。

キンシコウの共同研究、阪神大震災を経て

一九九二（平成四）年五月十三日、キンシコウが王子動物園に来て、神戸市、天津市、中国野生動物保護協会の三者による日中共同飼育研究が始まりました。キンシコウは、漢字で書くと金絲猴、金色の毛並が美しいサルで、『西遊記』に登場する孫悟空のモデルとして知られ、中国第一級の保護動物です。一九八五（昭和六十）年に開催された全国都市緑化フェアのグリーンエキスポで、天津市との友好交流事業の一環として、約四ヵ月間借り受けて公開したこ

とがありました。この飼育経験はキンシコウが主食にする木の葉の調達などに役立ち、一九九三年には中国国外では初めての繁殖に成功しました。しかし、子が二歳になる直前に、ひょうたん形の胃から腸への部分に枝の皮の繊維が絡み合ってかたまり、腸を塞ぎ急死するという悲しい出来事がありました。この貴重な体験を活かし、給餌する前に枝から葉の部分をとって、新鮮な葉だけを与える方法に改めたところ、一九九五年生まれの子が無事に育ち、一九九七年に中国国外の繁殖個体として初めての里帰りを果たし、中国の希少動物に関する飼育繁殖研究に功績を上げることができました。

一九九五（平成七）年一月十七日午前五時四十六分、最大震度七、直下型の兵庫県南部地震が発生しました。これによる阪神淡路大震災は、神戸へのパンダの再来に、マイナスにもプラスにも影響しました。一九九三年九月に「ジャイアントパンダを十年間借り受けて日中共同研究を行いたい」と中国動物園協会に依頼し、パンダ誘致の要望を伝えていましたが、震災によって、この計画は中断せざるを得なくなりました。しかし、一九九八年の震災復旧から復興への時期、キンシコウ共同研究のパートナーである中国野生動物保護協会及びこの協会を直轄する中国国家林業部（現・国家林業局）に対し、ジャイアントパンダの日中共同研究を正式に申し入れました。古くからの友人関係やキンシコウ共同研究の成果、そして、阪神淡路大震災で傷ついた人々を元気づけるという友好の証が中国側に理解されて、ジャイアントパンダが再び神戸へ来ることになったのです。

二十年ぶりにジャイアントパンダを迎える準備

一九九九（平成十一）年二月に当時の笹山神戸市長が四川省臥龍《がりゅう》の中国パンダ保護研究センターを訪問してから、五月に意向書締結、八月に協議書締結、十月にパンダ館着工、十一月にペア選定、二〇〇〇年二月に日本の輸入許可、三月に王子動物園職員の中国研修、六月に中国の輸出許可、七月に出迎え輸送と、共同研究が具体化していきました。ポートピア博での記念財団基金を施設建設に活用できたことや当時の飼育経験は大いに役立ちました。しかし、パンダの神戸再来まで二十年近く経過したこと、新たなパンダは野生の生息地の保護研究センターから来たこと、国際的なジャイアントパンダ研究に参入したことから、驚くことが多々ありました。

黄色い花畑

二〇〇〇年三月、臥龍のパンダ保護研究センターへ研修に向かう際、成都空港に着陸寸前の機窓から、煙霧の切れ間に、黄色い花が一面に見えました。都江堰《とこうえん》（四川省）から臥龍への道中で、眼下の河床にゴロンと巨大な岩、斜面に崖崩れ、中腹には黄色い花の帯が見えました。臥龍自然保護区の現地事務所のある盆地の麓にも黄色い菜の花が咲き、パンダが生息する標高に届くほど段々畑が斜面高くまで続いていました。パンダの共同研究には、中国国外の動物園で飼育繁殖を行なう生息域外保全と、中国国内の野生の数を増やす生息域内保全にかかる資金を支援するという二本柱があります。生息域内保全の一環として、畑をパンダが食べる竹の生える林に戻して、パンダが生息できる環境を再生するという取り組みが行われましたが、段々畑はその出発点を実感させてくれました。

柔軟で軽やかな臥龍のパンダ

臥龍基地での研修中のことでした。木に登って遊ぶ子パンダを塀越しに見つけました。六ヶ月齢、体重は推定十三キログラムでしょうか。その重さで枝がたわみ、子パンダは枝の上からぶら下がったとたんに、塀に隠れてしまい、揺れる枝から姿を消しました。驚いて「木から落ちた？　大丈夫？」と中国のスタッフにたずねると、「没問題（大丈夫）！」と返ってきました。危険が迫ると木の上に逃げるというパンダの習性はこのような遊びから培われていくのでしょう。おとなのパンダは地面に座って背を格子にもたれ、両前足を頭の高さにあげて広げ、竹を握るように格子をつかんでいました。また、後足も開脚して伏せることができ、その足の可動域の大きさに、「なんと柔軟なことか」と驚きました。

夜間の行動を観察しようと繁殖場の寝室に行ってみると、高いところの窓が開いていたので、台に乗って中をのぞくと、パンダの顔が目の前に現れました。両前足で格子をつかみ、天井近くまで柵を登っていたのでした。後ろ足の裏全体を地面につけ、壁などを伝い、横へ歩く様子も見てしまいました。パンダの体形からは予想もしなかった柔らかさや軽やかさでした。

王子動物園はお客さんとの距離が近い展示が自慢ですが、パンダ館を建てるときにも、これらの経験を活かすことができました。屋外運動場では、堀越しの一～二メートル先にパンダを見ることができます。空堀から外へ脱出しないように、中国技術者の助言から堀の深さが二・三メートルになるよう観覧通路を〇・五メートルかさ上げしたほか、堀の端では柵を前足で握れないように平らにし、さらに横歩きできないように障害物を設けました。また、パンダが寝室から屋外運動場へ出るとき、キーパー通路を横切るように開閉式の柵で仕切り、パンダ用の出入り通路を作ったのですが、ここに天井金網を付けるかどうか、当初、議論が分かれていました。パンダの運動能力を目撃した後では、容易に柵を越える姿を予想することができたので、天井に溶接金網を付けることにしました。

竹粉入りの「パンダ団子」

臥龍から王子動物園にパンダが到着したのは、二〇〇〇年七月十六日です。名前は公募で旦旦《タンタン》（メス、一九九五年九月十六日生まれ）に決まりました。旦旦の主食は竹ですが、副食として「パンダ団子」も与えていました。「パンダ団子」とは、トウモロコシ・大豆・米の粉に殻ごとの鶏卵や栄養剤などを練り合わせ、整形し、蒸したものです。臥龍基地で作っていた「パンダ団子」には竹粉も入っていました。竹粉はパンダが食べ残した竹を粉砕機に通して自家生産していました。神戸では粉砕に家庭用のミキサーやミルを用いたところ、器具がよく壊れました。臥龍基地で団子と同じ材料を焼いて日持ちの良いクッキーを開発していた魏栄平さん（現・都江堰基地所長）が旦旦たちと一緒に神戸へ来た際、「団子はお腹をこわすことがある」と助言をもらい、一年間ほどかけて団子を与えるのはやめました。その後パンダの餌の研究が進んだのに合わせ、現在の旦旦の一日の献立は、モウソウチク、ハチク、トウチクやヤダケなど竹が十数キログラム、好物の伸びたタケノコがあれば約二キログラム、食物繊維十五パーセントを含む米国製のペレットが約三〇〇グラム、ニンジンが約八〇〇グラムです。リンゴはトレーニングのご褒美です。パンダ団子は十五年間与えていませんでしたが、二〇一五年に旦旦の二十歳の誕生日にあわせ、特別に団子でケーキを作ってプレゼントしたところ、アッという間の完食でした。その後一日六回定時に与えている竹を食べず、腹痛のようなしぐさもありましたが、すぐに回復したので、「急いで食べ過ぎ！」と笑い話で終わることができました。

犬鳴きと選り好み

臥龍基地の繁殖場に初めて行ったとき、ワンワンという鳴き声が響いていました。パンダにジステンパーという感染症がうつらないように飼い犬はいないはずだし、パンダは静かな動物という先入観があったので、不思議に思いました。繁殖期のメス一頭のまわりにオス三頭を配置したお見合いに立ち会ったとき、この謎は解けまし

旦旦、5歳のとき。（2000年）

た。メスとオスとの相性がよければ、メェエェと羊鳴きを交わし結ばれました。相性が悪ければ、ワンと犬鳴きをして、「近寄らないで」と警告していました。パンダの繁殖の難しさには、子を宿す機会が一年間に数時間と短いことと、相手を選り好みするという理由が加わります。旦旦と興興《コウコウ》（オス、一九九五年九月十四日生まれ）を初めて同居させたとき、興興は前足を旦旦の背中にのせましたが、旦旦からワンと一喝され、逃げてしまいました。それから四回同居を試みましたが、旦旦が内気か気難しかったのか、興興がおっとりして押しが弱かったのか、両者の相性は悪いままでした。

神戸方式の観察

臥龍基地では、パンダの飼育繁殖研究用の行動観察シートの中国語簡体字版と英語版を入手しました。英語版には一〇〇を超える項目がリストアップされ、その細かさに驚きました。二〇〇〇年当時、米中の共同研究はこの行動観察にとどまらず、発情期の排卵予測に欠かせないメスの尿中ホルモンの定量検査は米国の生化学者が技術指導中で、膣粘膜細胞診は既に中国技術者の黄炎さん（現・野生復帰の教授）が担当し、後の神戸での赤ちゃん誕生に欠かせない先生でもありました。

神戸での行動観察は、ビデオ録画し、一日二十四時間のうち行動している時間と食事に要する時間を算出するのが特徴です。旦旦は、通常一日に行動している時間が約二〇〇〇分、食事に要する時間が約三五〇〇分でした。発情期には、活発に動き回るため、行動時間は五〇〇〇分を超え、食事時間は一〇〇〇分を下まわるときがありました。行動時間が増えていく上昇線と食事時間が減っていく下降線が交わる日から繁殖に備えました。臥龍基地の最古参飼育員からの教訓「晴れた日が続くと発情が進み、曇った日は止まる」も考慮しつつ、水に入る体冷やし・尻を上げるプレゼンティング・羊鳴きなど発情行動の出現と頻度、陰部腫脹の程度を観察し、膣上皮細胞の核がなくなった率や尿中卵胞ホルモン値を検査して、排卵を予測し、オスの採精とメスへの人工授精を行ないました。排卵はホルモン値がピークから急に下がったときに起こるので、ピーク前に排卵を予測しないと人工授精が

竹を抱く旦旦。

間に合わないという難しさがありました。糞の重量については、旦旦の場合、通常は十キログラム台で推移していましたが、発情期の後に十キログラム以下が続くと出産期に入ったと判断できました。旦旦の二回の出産では、十キログラム以下になった日から三十日後に破水が起こりました。

赤ちゃん誕生とその後

二〇〇八年八月二十六日、十五時四十六分、パンダの赤ちゃんが誕生しました。旦旦の二度目の出産でした。一年前の初産は破水から九日後の死産だったので、今回無事に誕生した際には、当時の矢田神戸市長が動物園で急遽記者発表を行うなど喜びが広がりました。二〇〇三年から毎年発情期に人工授精を行っていましたが、妊娠には至らず、ニンジンや竹を抱いてまるで出産したような行動の観察にとどまっていました。人工授精直前の採精がうまくいくようになって、本物の妊娠にこぎつけたのです。そこには前述した黄さんが立会い、排卵予測の的中もありました。発情期と出産期の年二回派遣されてきた中国技術者との技術交流、神戸大学の動物多様性教室の研究支援、そして王子動物園スタッフの技術向上の賜物によって赤ちゃん誕生が実現し、二〇〇八年の繁殖現場には自信と充実感が満ち、成功を予見させるものがありました。

しかし、誕生から三日後の八月二十九日十三時五十分、パンダの赤ちゃんが泣きも動きもせず冷たくなりました。この時、出産期に派遣されてきた中国技術者は残念ながらいませんでした。五月に四川大地震が発生し、臥龍基地が山崩れにあい、交流仲間は雅安基地への避難など復旧に追われる事態になっていたからでした。二〇〇九年四月から中国技術者の派遣が再開されましたが、旦旦は、出産後の赤ちゃん急死の後から、発情期がずれてしまい、通常春にくるはずの発情の時期が出産期に変わったため、朗報に恵まれることはありませんでした。

二〇一〇年十一月、幾度も神戸に来てくれていた湯純香教授（臥龍基地の動物病院長や雅安基地の副所長を歴任）と

トレーニングしながら聴診を受ける旦旦。

共同で旦旦の健康診断を行ったとき、パンダの飼育方針を激変させることがありました。湯教授の求めにより、吹き矢を使っていた麻酔注射を素手で行いました。さらに、追加の麻酔注射のときも、「湯さんが大丈夫と言っているから大丈夫」と神戸のスタッフはまだ動く旦旦の体を押さえ込みました。これ以来、中国研修などの経験もあり、神戸では旦旦のハズバンダリートレーニングが進みました。ご褒美を与えながら、聴診器をあてたり、採血や治療のための注射を打ったりすることができるようになりました。

ジャイアントパンダ共同研究では、神戸から四十回のべ七十六名、中国から二十七回のべ六十九名の交流がありました。二〇一六年十一月には中国の前述の黄教授などと共同講演会を神戸で初めて行い、友好交流を進めており、神戸のパンダは老朋友を作っています。

ジャイアントパンダ考現論

前上野動物園長・日本パンダ保護協会会長　土居利光

ジャイアントパンダの主食がタケやササであることは今や常識に近い。しかし、一九七二年、日本に最初に来たカンカン（雄）とランラン（雌）の食事を当時の日誌にみると、ミルク粥、カキ、リンゴ、ダンゴ、ミルクセーキ、ブドウ、パンなどの後に熊笹や矢竹が並んでいる。ミルク粥はカンカン用で、牛乳に粥と卵を加えて果糖と塩で味付けしたものである。また、ラン用にはミルクセーキで、これはミルク粥から粥を除いたものである。ダンゴとは、トウモロコシ粉を主体に大豆粕と骨粉と塩が混ぜられていたものであった。

恩賜上野動物園の食堂では二〇〇四（平成十六）年からリンリンが死亡するまで、体験メニューとして「パンダかゆセット」を出していた。人間向けに食べやすくしているが、粥やダンゴ、熊笹エキス入りの抹茶ゼリーなどがお盆に飾られて出てくる。その解説書には、パンダは「孟宗竹《モウソウチク》やタケノコはもちろん、ニンジン、リンゴ、サトウキビ、季節の野菜を食べます。それと動物園ならではの『バランス栄養食』が『パンダだんご』と『パンダかゆ』です。」と記載されている。パンダ粥は馬肉スープをベースにと当初からは変更されているものの、食事の内容は三十年にわたって引き継がれてきたのである。

一九七一（昭和四十六）年、昭和天皇がヨーロッパを歴訪した際、楽しみにしていたというロンドン動物園のパンダのチチに会ったのだが、チチが「チョコレートをぱくつく」と新聞は報じている。今日では野生に近い食べ物を飼育にも使おうと考えるが、当時は人が良いと思うような食べ物を与えていたのである。北京動物園でも同様であったため、その流れを汲んだ献立を恩賜上野動物園も採用していた。食べ物ばかりではなく、分からないことも多かった。日本にパンダが来た翌年に「『パンス』ってナンダ」という新聞記事が載った。直径八センチぐらいで厚さ二センチほどの丸い形をして、黄白色の表面にはネバネバした粘液が付いているものが、約三週間ごとに排泄されるので、困惑しているという内容である。出る時は、食欲が減り、動きが鈍くなるとも言っている。固いタケを食べることから、腸の内側を守るための粘膜が定期的に出てくる粘膜便として今は知られているのだが、当時は初めての経験だったのである。こうした試行錯誤ともいうべき経過が今日の飼育につながっている。

二〇〇八年四月三十日にリンリンが死亡し、パンダ不在の日々が続いたが、それが一つの分岐点となった。上野観光連盟や台東区などの地元の方々の尽力もあって、二〇一一年二月二十一日、リーリーとシンシンが到着した。そして、この時点から食べ物はタケ類が主体となったのである。不幸にして東日本大震災に見舞われたが、被災地復興の支援という意味もあって二頭は四月一日からの公開となった。翌年からの課題は繁殖であり、巷の話題を集めることにもなっていく。

恩賜上野動物園では、現在まで十一頭のパンダを飼育してきたが、人工授精によって三頭が誕生、そのうちのトントンとユウユウの二頭が育ってきた経緯がある。繁殖期は一般的に二～五月で、雌には、行動量の増加、においづけ、水浴びによる体冷やしの増加、食欲減退、恋鳴きなどが見られるようになる。しかし、二週間ほどの発情期間のうち、授精可能なのは数日しかない。こうしたことから、飼育下で雄と雌とを合わせるペアリングの方法がいくつか試みられてきたが、恩賜上野動物園では、雄と雌を非発情期には隔離しておき、発情時のみ同居させ、交尾後、再度隔離するという方法が採られてきた。

現在もこの方法を受け継いでいる。二〇一二年三月二十四日、雄と雌に鳴き交わしがあったので、お見合いさせたところ、雌がメエメエと鳴いて雄にお尻を向けて尻尾を上げる行動が見られた。適期と判断して同居させ、翌日を含めると二度の交尾が確認できた。そして七月五日に子の誕生となる。しかし、七月十一日の朝八時、園長室に、ジャイアントパンダの子が危ないと職員が駆け込んできた。母親が姿勢を変えても子が鳴き声をあげなかったため、すぐに取り上げ、心臓マッサージなどを行なったが、八時半に死亡が確認される。十時半から十二時近くまでかかった剖検で、乳が呼吸器に入ったのが死因と分かった。

翌年も同様な方法で繁殖を試みて交尾も確認されたが、結果は偽妊娠である。ホルモン値の上昇、動作の不活発、長い休息時間、食欲不振、乳頭の明確化、乳房の腫脹、巣作り行動など妊娠した時と同様な現象が雌に現れるのだ。野生では出産後、一年半から二年かけて子を育てる。だから妊娠は一年置きとなるので、昨年は偽妊娠でもおかしくはない。飼育当初は粘膜便

足腰のトレーニングをするシンシン。

が何であるか分からなかったのと同様に、偽妊娠の確定も難しい。不思議な動物である。それでも、一つだけ確実なことがある。それは、リーリーとシンシンの繁殖期における相性の良さである。

かつてのパンダの食事から得た教訓は、自然に近い状態で動物の力を十分に発揮できるようにすべきだということであろう。とはいっても出産に向けた取組みも進めている。これまで通りに筋トレなど動物の健康管理のため体のチェックや治療を行ないやすくするためのトレーニングを続けているほか、職員を中国の繁殖センターに派遣して、実際に子の飼育も体験させてきた。また、シンガポール動物園における意見交換や人工授精を成功させた台北動物園の園長を招いての講演会など、関係する動物園などとの情報交換をこれまで以上に行なってきている。準備は大切である。万一の飼育放棄に備え、保育器をパンダ用に改良し二台用意するなど施設の充実も済ませた。このように自然繁殖にこだわって地道な努力を重ねてきた職員の熱意が、香香《シャンシャン》の誕生につながったのだと思う。

パンダの選び方

上野動物園長　福田豊

相性の良いペアを選べるか

上野動物園のジャイアントパンダの飼育は二〇一七年で四十五年になる。この間、人工授精による繁殖の成功などジャイアントパンダの飼育繁殖に関して多くの知見を発表し、技術の高さが世界的にも高く評価されてきた。残念ながら二〇〇八年四月にリンリンが死に、約三十六年間続いた上野動物園のジャイアントパンダの飼育は途絶えた。リンリンの死の後、来日した胡錦濤中国国家主席は日本への二頭のジャイアントパンダの貸与を表明した。一瞬、上野動物園のジャイアントパンダの飼育が復活するかに思えた。しかし、動物園には抗議の電話が殺到した。尖閣諸島の領有権をめぐり日中関係は悪化していたからだ。中国に高額なレンタル料を支払うくらいなら、パンダはいらないとの意見が数多く寄せられた。水面下では上野動物園での新たなパンダの飼育について中国との協議が行われていたが、その後もチベット問題などで日中関係はさらに悪化し、新たなパンダの導入は難しい状況が続いた。二〇一〇年二月十二日になって石原慎太郎都知事がジャイアントパンダの受け入れを表明し、ようやく新たなパンダの飼育実現に向けた公式な準備が始まった。

それから二ヵ月後の二〇一〇年四月一日、私は多摩動物公園教育普及課長から恩賜上野動物園飼育展示課長に異動となった。ジャイアントパンダの受け入れは、前任課長から引き継いだ最重要課題だった。準備を進めるに当たっては、東京都と中国野生動物保護協会との共同によるジャイアントパンダの保護研究推進に関する協定書の協議と平行して、上野動物園で飼育するパンダのペアの選定を進める必要があった。協議を進める途中で飼育の対象となるパンダの候補リストが中国側から提示された。リストには、二歳の若いパンダや、性成熟に達したばかりと思われる年齢のパンダ、すでに繁殖経験のあると思われるパンダが含まれていた。

私はこのプロジェクトを進める日本側専門家のリーダーとして、動物の選定とはジャイアントパンダ保護研究を効果的に推進できるパンダ、つまり可能な限り多くの繁殖が期待できるジャイアントパンダのペアを選定することが重要であると考えた。もちろん、遺伝的多様性を確保するには、血統も大事な要素であった。両親や祖父母が野生由来であれば申し分ない。提示されたパンダはどれも素晴らしい血統を持っていた。しかし、ジャイアントパンダの繁殖に関してデータでは分からない大きな課題があった。雌雄の相性の問題である。ジャイアントパンダは普段は単独で生活を送っている。繁殖期のごく短い期間のみ交尾のための雌雄同居が出来る。特に、メスの発情のピークは一～三日ほどしかない。それ以外のときに雌雄を同居しても、二頭は闘争してしまう。一度の闘争がトラウマとなり、それ以後は同居できないペアもいるという。雌雄の同居に重要なのが相性で、雌雄の体格に大きな差がなくオスがメスをリードできること、そして相思相愛であることが重要であると考えられている。動物園では雌雄の組み合わせが限られるため、多くの動物園で雌雄の相性が合わず、自然交配をあきらめて人工授精が行われている。妊娠する可能性は人工授精よりも自然交配のほうが高いと言われている。また、人工授精の際には、麻酔処置が必要でリスクをともなう。こうしたことから、相性の良いペアを選べるかどうかが、パンダの繁殖の成否に極めて大きな要因となっている。相性の良いペアを選ぶといっても、こればかりは実際に同居させてみないとわからないから、これまで様々な動物を観てきた勘を頼りにしてパンダを選び、後は幸運を天に祈るしかなかった。パンダの飼育の目的は繁殖だけではない。動物園では展示を通じて、来園者にジャイアントパンダの魅力を知ってもらいたいと考えている。上野動物園の歴代のパンダたちのように、新たに展示されるパンダもその特徴的な被毛《ひもう》と丸い体形、可愛らしい仕草でたくさんの人々に愛される存在になってほしい。時には、活発に動き回り、木に登り、池で水浴びをし、竹をおいしそうに食べる姿も見てもらいたい。そして何よりも健康でたくましく、観る人を感動させてくれるパンダを選びたいと考えていた。

リーリーとシンシンを選び出す

二〇一〇年五月、私は中国国内のジャイアントパンダ飼育場所を視察した。視察の目的は、上野動物園で飼育される可能性のあるパンダの状況を確認し、選定に向けた検討を行うためである。当時は二〇〇八年の四川大地震の後で、四川省臥龍《がりゅう》の中国パンダ保護研究センターで暮らしていたパンダも、中国国内の複数の動物園に避難していた。当然ながら視察場所には、リーリーとシンシンが飼育されていた動物園も含まれていた。私はパンダ一頭一頭を丁寧に観察した。年齢や血統、移動記録、病歴などのほか、体格、容姿、被毛の光沢や目の輝き、食欲や排便などの健康状態、運動の様子や元気の有無などを、双眼鏡を使って入念に観察した。特に、オスの生殖腺についてはよく観察した。メスの外陰部は仰向けに寝ない限り観察できない。

しかし、オスの睾丸は座れば観察できた。砲弾型で適度な大きさの睾丸が二個あることを確認した。個体の性格も推測した。しばらく観察していると他の個体と竹を取り合ったりすることもあり、そうした時の反応で神経質かどうか、落ち着いた性格かどうかなどを推測した。

帰国後すぐに調査結果を検討した。どのパンダも良い資質を備えており、甲乙付けがたい。若い個体はかわいい盛りだが、将来の相性がどうか分からないことなどから選択順位を下げた。性成熟に達したと思われる個体について検討した結果、年齢、体格、健康状態、行動などを考慮して五歳のペアである「比力《ビーリー》（BILI）」と「仙女《シエンニュ》（XIANNU）」を第一候補のペアとした。検討結果を都知事に説明し了解を得た。その結果を中国野生動物保護協会に報告した。こうして、上野動物園に来園する二頭が決定された。オスは二〇〇五年八月十六日・臥龍《がりゅう》生まれ・国際血統登録番号六十二番「比力」、メスは二〇〇五年七月三日・臥龍生まれ・国際血統登録番号六〇〇番「仙女」である。二頭はジャイアントパンダとしては立派な体格で、オスは体重一四〇キログラム、メスは体重一二〇キログラムを超えていた。協定書には二頭に日本名を付けることが認められていた。二頭の来日が決定された二〇一一年二月、一般公募による命名募集が行われた。その結果、オスには「リーリー（RIRI）」、メスには「シンシン（SHINSHIN）」という名が付けられた。健康状態は良好で、性格も落ち着いていた。木に登るなど健康的で活動的なパンダのイメージが醸成されることを期待した。私は、この二頭は相性も良いのではないかと思っていた。

長い準備期間の末、二頭は四川省雅安の碧峰峡《へきほうきょう》基地を経由し、二〇一一年二月十一日、無事に上野動物園に到着した。しかし、三月十一日に東日本大震災が発生し、動物園は休園となり予定していた二頭の一般公開は延期された。当時、小宮園長は「大きな震災の後だからこそ動物園はパンダをはやく展示して、人々が夢と希望を取り戻すお手伝いをすべきだ」と仰っていた。四月一日、動物園の再開と同時に二頭の観覧がはじまった。約三年ぶりのジャイアントパンダの展示の復活である。パンダを観るための列が、上野公園の中を本当にヘビのように長く続いた。長時間待たされたにもかかわらず、パンダを観るどの人にも笑顔があった。私たちは、パンダの不思議な力に改めて驚かされた。二頭は大勢の来園者に特に興奮することもなく落ち着いていた。開園時間中に観覧を休止することもなく無事に展示することが出来た。二頭には中

中国パンダ保護研究センターの雅安碧峰峡基地から日本への輸送のために運び出されるシンシン。

国の動物園で展示された経験があり、観衆にも慣れていたのかも知れない。リーリーとシンシンの二頭を選んで良かったと感じた。

シンシン、リーリーとの縁

二頭が上野動物園の飼育環境にも慣れた二〇一二年三月、メスのシンシンに強い発情兆候が見られたため、初めて交配のために二頭を同居させた。最初の同居がうまくいくことを祈るばかりだった。最初の同居での交尾の成否がその後の繁殖に大きく影響する。もし、同居で闘争になればすぐに二頭を引き離さなければならない。闘争がトラウマになり、それ以後の雌雄同居は難しくなる。私たちはオスがメスに近づいていくのを静かに見守った。そして、二頭は見事に交尾した。私の予感は的中した。雌雄同居の直後、私の中には安堵感とともに妊娠・出産への期待感が拡がった。交尾確認の後、私たちは出産・育児に向けた準備に追われた。最新の情報を収集して産室や保育器を用意した。ジャイアントパンダは、出産日の推定が難しい。食欲、行動、体の変化、尿中のホルモン代謝物の推移などから出産日を推定した。ジャイアントパンダに特有の偽妊娠《ぎにんしん》の可能性もある。結局、私が出産を確信したのは当日の朝だった。二〇一二年七月、シンシンは雄の子を出産し母親となった。来園からわずか一年後の快挙だった。

本当にうれしかった。しかし、生まれた子は六日齢で肺炎により死んだ。シンシンにとっては初産であり、上野動物園にとっても一九八八年にユウユウが誕生して以来の二十四年ぶりの誕生だった。子の死は残念だが、一方で出産直後の育児の困難な時期の対応を経験し、ジャイアントパンダの哺育《ほいく》について多くを学ぶことが出来た。

二〇一二年の繁殖は交尾が確認されたものの偽妊娠だった。そして、二〇一三年から二〇一六年までの四年間はシンシンに強い発情兆候は観察されなかった。この間、繁殖はなかったが、飼育係は繁殖を期待して二頭の健康管理に万全を期したことは言うまでもない。二〇一四年四月、私は多摩動物公園勤務を命ぜられ、上野動物園を離れた。

二〇一七年二月二十六日、シンシンに四年ぶりに強い発情兆候が観察された。すぐに交配のための雌雄同居が行われた。この日だけで三回の交尾が確認された。再び妊娠・出産への期待が高まった。二〇一七年四月、私も再び上野動物園勤務を命ぜられた。私はジャイアントパンダとの縁を感じる。ゴールデンウィークの繁忙期が過ぎた五月の終わり頃、私は夢を見た。良い香りのする不思議な夢だった。目覚めて直ぐに夢占いをした。近いうちに良いことがあるとのことだった。上野動物園では、出産・哺乳の準備を進めるのと平行して出産日を推測した。シンシンの食欲、行動、体の変化、性ホルモン代謝物の濃度などの推移から六月中旬の出産と推測した。早速、中国野生動物保護協会に連絡し、専門家の派遣を要請した。六月十一日、中国側の専門家が来日し、上野動物園の繁殖チームと合流して出産の準備が整った。

シャンシャン誕生！

二〇一七年六月十二日の正午前、シンシンがメス一頭を出産した。シンシンは出産後すぐに子を抱き上げ世話を始めた。授乳も確認できた。子の圧死を防ぐため、飼育係がシンシンを三十分ごとに起こす。母親への水分と栄養の補給を行いながら、乳房をマッサージする。子が四つの乳首に均等に吸い付くように誘導する。その甲斐あって子は順調に成長し、九月十日には生後一〇〇日齢となり、体重六キログラム、体長六十五センチに成長した。二十九年ぶりのジャイアントパンダの成

シンシンの腕の中で眠る生後20日目のシャンシャン。

長である。これからも母親、子、飼育係のそれぞれが経験を重ねて成長を続けている。改めて上野動物園は本当に素晴らしいジャイアントパンダを選んだのだと思う。いやそうではない。二頭が上野動物園を選んだのだと思っている。二頭を育て飼育管理してきた中国の専門家の推薦、上野動物園の飼育環境や繁殖に関する技術実績、パンダが好きな上野の人々の願い、様々な要素が織り交ざって結果的に二頭が来園したのだと思っている。

二〇一七年七月二十八日から八月十日まで、子の名前を募集したところ全国及び海外から三十二万件を超える公募をいただいた。赤ちゃんパンダの成長に対する期待や希望が様々な形で寄せられた結果だと思う。中国では、生後一〇〇日の節目に命名するのが慣例だという。わずか一五〇グラムほどで誕生した子が順調に成長したことは本当にうれしい。九月二十五日、子に「シャンシャン（香香 XIANGXIANG）」という名をいただいた。読みやすく、明るい、かわいい名前だと思う。これからの健やかな成長を温かく見守っていただきたい。順調に成長すれば、シャンシャンは生後六ヵ月頃から公開になる。たくさんの人に愛されるパンダになって欲しいと願っている。

限りない挑戦

ジャイアントパンダは生後一年ぐらいで竹を食べるようになり、生後二年を過ぎる頃、親子分けをする。シャンシャンは大人のパンダになるために母親から離れて暮らし、シンシンは次の繁殖を目指す。自然交配の出来る繁殖ペアを保有する動物園は世界に数箇所しかない。上野動物園のペアは世界中の動物園がうらやむパンダである。次の繁殖を期待したい。

ジャイアントパンダの故郷の中国では、二〇〇三年から野生復帰事業が行われている。二〇〇六年には、パンダを実際に野性に帰す試みが行われた。野生復帰は、生息域内の保全と動物園を含む生息域外の保全が連携協力して進められる壮大な取り組みである。中国の飼育施設で飼育係がジャイアントパンダの着ぐるみを着て飼育作業に従事する光景は、少し滑稽に見えるかも知れない。野生に復帰させる個体をいかに育成するか、乗り越えなければならない技術的な課題はたくさんある。そしていつの日か、上野動物園生まれのジャイアントパンダが中国での野生復帰事業に貢献することを夢見ながら、私たちの限りない挑戦は続く。

第3章

パンダを守る

日本パンダ保護協会の活動

日本パンダ保護協会事務局長　斉鳴

人類の誕生は約七〇〇〇万年前、ジャイアントパンダは約二千万年前にクマの仲間から枝分かれした祖先が出現した。こうした点から見れば人類より歴史がある動物であるが、最新の調査によると、野生での生息数は一八六四頭とその絶滅が危惧されている。紀元前三〜二世紀に完成されたとされる中国の辞書など幾つかの文献にジャイアントパンダらしき動物の名称が記載されているものの、今日の姿として記録に登場するのは十九世紀になってからであった。そして、日本においては一九七二年、ジャイアントパンダが熱狂的に迎えられた。日中国交回復がきっかけとなった「康康（カンカン）」と「蘭蘭（ランラン）」の二頭である。その三十周年を記念して、二〇〇二年、在日中国人の提唱をきっかけに中国パンダ保護研究センターや中国政府、駐日中国大使館の支持を受けて、多くの有志により日本パンダ保護協会が設立された。

緑の大地のために、清冽な水が流れる山のために、環境の変化に戸惑うジャイアントパンダのために、人とジャイアントパンダのための「共存関係の構築」と「自然環境の保護」を日本パンダ保護協会は理念としている。そして、ジャイアントパンダが暮らしている環境の実態を多くの人々に理解してもらい、そうした生息環境を改善するための活動を手助けするという目標を掲げて、普及啓発、生息地における保護活動への支援、現地視察と国際交流、研究会の開催、会報の発行、ジャイアントパンダに関する企画への助言・協力などを行っている。日本パンダ保護協会は、非政府・非営利の民間ボランティア団体であ

食べ残りの笹を回収する様子。

るため、一人でも多くの方々が参加することが活動の鍵となる。

日本パンダ保護協会の主要な事業の一つとして、ジャイアントパンダの故郷である四川省臥《が》龍《りゅう》にある中国パンダ保護研究センターにおける活動が挙げられる。この中国パンダ保護研究センターは、生息数の少ない希少動物であるジャイアントパンダを守るための保護活動の拠点として、また、依然として謎に満ちているジャイアントパンダの動物学的な研究を行うことを目的として設置された。一九六三年、「臥龍自然保護区」が設けられ、野生のジャイアントパンダの救助活動と、その保護のための研究が開始されている。一九七五年には、この自然保護区は二十万ヘクタールに拡大され、中国最大のジャイアントパンダ保護区としての役割を担うようになったほか、高山生態環境の保護活動も開始された。一九八〇年になると、臥龍自然保護区は国連教育科学文化機関（ＵＮＥＳＣＯ）の「人間と生物圏計画」における生物圏保存地域に指定されたほか、中国パンダ保護研究センターは世界自然保護基金（ＷＷＦ）と連携している唯一の研究施設となった。最初は六頭のジャイアントパンダの保護から開始されたが、現在では、世界最大の保護研究センターとなり、神樹坪《しんじゅへい》基地、碧峰峡《へきほうきょう》基地、都江堰《とこうえん》基地、核桃坪《かくとうへい》基地と二つの野生化訓練基地を持つまでになっている。

日本パンダ保護協会は、中国パンダ保護研究センターからジャイアントパンダ里親制度についての正式な窓口と位置づけられており、日本の団体や個人が里親になろうとする場合の手続き代理や連絡事務の代行を行うことの委託を受けている。里親制度とは、自分の選んだジャイアントパンダに寄付金を支払うことによって、その個体に名前を付けることができるほか、各基地への無料入場や里子との無料写真撮影、年四回の写真などによる報告といった特典を得ることができる制度である。さらに、毎年春に開催される「入園式」と秋の「里親祭り」にも参加することができる。日本パンダ保護協会の会員は、本会員、青少年会員、賛助会員、評議員から成っているが、会員にはこうした里親制度に参加する資格が付与されている。日本パンダ保護協会は、里親制度に参加することによって生息環境を知り、環境を守る大切さや自然との共存の在り方を考えるきっかけ作りをしていくことも重要であると考えている。

「里親祭り」は、世界各国の里親への感謝を表すために中国パンダ保護研究センターが主催する秋のイベントである。世界中の里親が集合して、神樹坪基地、碧峰峡基地、都江堰基地を訪問し、名付け親となったジャイアントパンダに対面するほか、飼育体験を行ったり専門家による解説を聞いたりすることができる。また、世界中の仲間とのコミュニケーションの場ともなっている。一方「入園式」は、毎年三月に中国パンダ保護研究センターの協力により実施する日本パンダ保護協会主催のイベントである。この時期は、発情時期であり、それに合わせて繁殖場の見学、専門家による案内、飼育体験なども行っている。名付け親となった赤ちゃんが幼稚園に入園する手続きを経験することによって、野生動物を見守るという意味を考えるきっかけが生まれる。里親制度に参加した会員は、黒柳徹子名誉会長をはじめとして、一〇〇人以上に及んでいる。

保護されている一頭のジャイアントパンダを飼育していくための年間の費用は、餌代、管理費、医療費など多額となっており、その中でも輸入薬品に最もお金がかかると言われている。また、野生のジャイアントパンダについても、その生息域が三十か所以上に分断されているため、将来は、その生息地を自然の回廊で繋いでいかなくてはならない。生息地を守っていく、遺伝子の多様性を確保するなどジャイアントパンダが抱える課題に対して、これからも支援を続けていくのが日本パンダ保護協会の役割である。そして、そのためには、地域の人々の協力、生息地から離れ

「子パンダ入園式」で子パンダとご対面。

た場所の人々の理解、そうした人々の交流が大切であり、ジャイアントパンダをシンボルとして、生息地を含めた自然を守るほか、議論し交流する場となっていくことが日本パンダ保護協会の使命だと思っている。

四川大地震を乗り越えて

中国パンダ保護研究センター党書記　張志忠

中国政府のジャイアントパンダへの保護研究は一九六〇年代から始まり、ここ数十年で、多くの実績をあげてきたが、いくつかの紆余曲折があった。この間、中国政府はジャイアントパンダの保護と地球環境保全に力を注ぎ、その責任と義務を果たしてきた。保護を担う研究者たちも三世代にわたっており、保護研究センターにおいてさまざまな経験と実績を得て、「パンダ」に対する親密で濃厚な感情をつくりあげてきた。特に、二〇〇八年の四川汶川《ぶんせん》大地震、これはマグニチュード八・〇の大地震であったが、その際にもわれわれ「パンダ人」（飼育研究員）は困難に立ち向かい、強い意志と堅固な姿勢をもって、パンダ基地を再建するとともに、持続可能な発展と将来の計画との整合性を図りながら、保護研究事業を進めてきた。

巨大地震発生、「パンダを救え！」

二〇〇八年五月十二日に起こった大地震のことは、保護研究センターにいた人たちの記憶から消え去ることはない。当日の朝は晴れ渡っていた。臥龍核桃坪《がりゅうかくとうへい》保護研究センターでは、飼育の中心となる区域の山と緑に囲まれたパンダ園に、六十頭余りのパンダと飼育員たちが暮らしている。その日もいつもと変わらず、ゆったりとした時間が流れていた。ところが午後二時頃になると太陽は雲に隠れ、鳥の声も聞こえなくなった。聞こえるのは人々の声だけだった。二時二十八分、突然「ゴウ…ゴウ…ゴウ…」と大地の底から巨大な咆哮《ほうこう》が聞こえたかと思うと、激しい揺れに襲われた。あっという間に山崩れがおき、巨大な石が飛び散らばり、天地がひっくり返ったようだった。園舎や樹の上で寝ていたり、ブランコで遊んでいたりしたパンダたち、そして、その場にいた人々は、急激な揺れで平衡感覚を失い、うろたえるばかりであった。「地震、地震、地震だ……」という叫び声がいたるところで聞こえたが、山崩れの音に掻き消された。落石が砲弾のように飛んできたため、それが落ち着くまで少しの間その場に留まっていた。余震も続き、隣の山がまた崩れそうで、来園者たちは広い場所へと避難することとなった。パンダ園の飼育係は、管理職も含めて、二組に分かれた。一組は来園者を川の対岸に避難させるための誘導をし、もう一組は道を逆に進んで、パンダ舎に着くと、パンダの救助を開始したのである。

誘導担当の組は、急いで来園者を避難させる必要があった。パンダ園から川の向こう岸までの道が土石で遮断されてしまったため、地形の事情に詳しい高強飼育員が素手で短刀を扱い、川に沿って脱出するための小道を切り開いた。さらに対岸にかかる橋に登れるように、全員で応急のはしごを作った。これらが通ったことで、最後には、川向こうの比較的広い駐車場にたどり着くことができたのである。土砂でメチャクチャになっていたが、外国人を含めて総勢三五名の来園者は、当面の危険から逃れることができた。

パンダ救助を担当した組も大変だった。地震発生後、「パンダを救え!」、この言葉が突撃ラッパのようにすべての「パンダ人」の心の中に響いた。余震が続き、瓦礫が散乱するなか、一番重要なことは、生まれて八か月にしかならない十四頭のパンダを全頭救い出すことだった。張亜輝飼育員がパンダ幼稚園（生後六か月～二歳までの子パンダの飼育場）に駆けつけた時、赤ちゃんパンダはひどいショックを受け、全頭が木の上に隠れるように押し合いへし合いしていた。叫ぶように呼びかけたが全く反応がない。仕方なく、張亜輝飼育員と同僚は救出作業に当たることにした。一人がパンダ専用の梯子に登り、まだ震えている赤ちゃんをおろす。ほかは、梯子の下に立ち、受け取るやいなや、子どもを抱えるようにして、来園者用に作った応急の小道を通り、川の対岸に届ける。小走りに移動するのだが、赤ちゃんの体重は三十キログラムを超えているだけでなく、噛みつく力もある。赤ちゃんたちは、乱暴に振る舞うことでパニックと心細さを訴えていた。摑まれたり噛まれたりする痛みも忘れ、「パンダ人」たちは一一四頭の赤ちゃんを一秒でも速く対岸の仲間に渡すことだけに無我夢中であった。もともと運動好きだった劉娟飼育員でさえも、何往復もの小走りによって、最後は倒れこんでしまった。

幼稚園のパンダたちは対岸への避難を完了した。しかし、余震はまだ続いていて、散乱した石が動いている。こうしたなか、休むことなく、みんなは飼育場へと急いだ。幼稚園からわずかに離れた場所には、一歳過ぎの活

パンダ幼稚園から赤ちゃんパンダを救助する飼育員たち。

発な、ログハウスに住む晴晴《チンチン》がいた。地震でログハウスが倒壊しただけでなく、転がり落ちてきた大きな石で半分が潰れていた。譚成彬飼育員が晴晴を探していた時のことを思い出すと、今でも熱い涙がこみあげてくる。その時、彼はこう言ったのだ。「屋根の梁に晴ちゃんを見つけると、頭を上げて、深黒の眼が私を見つめた。嗚呼、この瞬間が、苦海から彼岸の時、神様、私は何て幸せなのか」

しかし、何長貴飼育員が体験したような悲しい結末もある。彼が埃や瓦礫を乗り越え、担当である毛毛《マオマオ》の動物舎にたどり着いた時、そこがすでに廃墟となっていたことに衝撃を受けた。それでも腹ばいになって建物を覆う石を素手で取り除きながら、「毛毛……毛毛……」と呼びかけ続けた。返答はない。それでも藁をもつかむ気持ちで、近くを歩き回り呼びかけ続けた。もしかしたら毛毛は核桃坪の山中に逃げ込んだのかもしれない、あるいは、急流を泳いで対岸へと渡っているかもしれない。そのように思いながら、彼は声をからして探しまわった。そして疲れきって体が動かなくなっても、結局、毛毛は現れることはなかった。

行方不明のパンダを捜索

震源地から臥龍基地までは直線距離で十キロメートルしかない。マグニチュード八・〇の巨大地震は風光明媚なパンダ基地に壊滅的な打撃を与えた。緑の山も上着が脱がされたように崩れ落ち、道路も流れ落ちた土砂に埋もれた。十四のパンダ舎が全壊、三十二が半壊だった。その日の夕方までに連れ戻されたのは団団《ダンダン》、蟈蟈《グオグオ》であった。しかし、依然として不明なのは、園園《エンエン》、妃妃《ヒヒ》、小小《ショウショウ》、そして何長貴飼育員が探し続けた毛毛である。その夜は、核桃坪から七キロメートル離れた、地震の影響が比較的軽微だった中国パンダ博物館の入口前で、逃れてきた十四頭の赤ちゃんパンダに、ミルクやニンジン、パンダ団子の夕食を与えた。彼らは飼育員の介護もあって天真爛漫な赤ちゃんパンダに戻っていた。年齢が高いパンダたちは麻酔薬で眠らせて、安全圏にあるパンダ舎に移すこととなった。

中国パンダ博物館の入口前で、救助した14頭の赤ちゃんパンダに夕食を与えた。

その夜は、雨がしきりに降っていた。パンダたちは疲れて果てたように休んでいた。しかし、車の中に詰め込んで座ったり、テントの下で休んだりしていた「パンダ人」は、寝ようとしても眠れるものではなかった。臥龍は、交通と情報とが遮断され、陸の孤島になっていた。出発することもできず、通信手段もなかった。避難している来園者をどうするのか。行方不明の四頭のパンダは帰り道が分かるのだろうか。これからのパンダたちの住まいはどうなるのか。竹、ニンジンなどが手に入らなくなったらどうするのか。都江堰《とこうえん》に住んでいる自分の両親と子どもたちは大丈夫だったろうか。こうした問いが「パンダ人」の心に次々に浮かんだ。みんなは居ても立ってても居られなかった。

地震から数日間は晴天で、強烈な日差しが肌を刺した。ここからも飼育員は二組に分かれた。黄炎氏と韓洪応氏などが「パンダ人」として保護研究センターの業務、つまり損傷した施設の修繕、パンダたちの世話などを行った。一方、引き続き河川や山林に行方不明のパンダを捜索するチームがあった。飼育場は電気も水もダメになったため、台所はあきらめざるを得なかった。そのかわり空き地に煉瓦で竈《かまど》を作り、蒸し鍋で団子をいっぱい蒸しあげた。パンダたちが腹いっぱいになるようにできる限りのことをやった。捜索チームは、手掛かりがないなか、山を越える区域にまで手分けして探し回った。震災のために物資が不足していて、喉が渇けば山の泉の水を飲み、お腹がすけば、惜しむようにビスケットを一口つまんだ。こうして「パンダ人」は整然と仕事をこなし、数百人に及ぶ観光客や労働者たちを救ったのである。地震の三日後、彼らはようやくヘリコプターで臥龍基地を離れることができた。

臥龍基地での「パンダ人」の活動の一方、出張で基地を離れていた「パンダ人」は非常に焦っていた。「パンダパパ」と親しみをこめて呼ばれるパンダの専門家である張和民氏は、五十キロメートルの距離を徒歩で戻ろうと考えたが、山や川を越えるのは無理だとわかり、断念せざるを得なかった。しかし、幸いにも三日後に臥龍から小金方向への道が応急工事で開通されたことから、バスを使って四〇〇キロメートルを迂回し、標高四千キロメートルの夾金山《きょうきん》を越えて、夢にまで見た臥龍基地に戻ることができた。彼が帰還した頃には、パンダが必要とする新鮮な竹の確保という問題が生じていた。地震直後から張和民氏は、海事衛星《かいじえいせい》通信によって電話連絡をするなかで、被災状況に心を痛めていたが、現場に到着するなり、対応に着手した。破壊された園舎を、そして集められたパンダたちの「お腹がすいた、お腹がすいた」という目つきを見て、ただちに四川省林業局と国家林業局へ連絡を入れ、パンダの食べ物を優先してくれるように支援要請をしたのだ。

夾金山方向の道路が再開されると、国や業界などからの救援物資がぞくぞくと臥龍基地に入るようになった。パンダたちの食糧問題が緩和され、野外で寝泊まりしていた「パンダ人」たちもお腹いっぱい食べられるようになり、宿泊用のテントも建てられた。さらに良いニュースがあった。地震から四日目の五月十六日に、行方不明だった二頭のパンダ、園園、妃妃が探し出されたのである。しかし、残された二頭、毛毛、小小は依然として不明のままであった。

「オリンピックパンダ」と五十五頭のパンダ

五月十八日、八頭のパンダが、二〇〇八年北京オリンピックの親善大使である「オリンピックパンダ」として臥龍を離れ、成都パンダ繁殖研究基地へ移動することとなった。これは、パンダの生活の質の確保、個体群の安全確保のため、さらに、百万人に及ぶファンの期待を背負ったもので、五月下旬に北京に到着すると、予定通りオリンピックに参加した。八頭のパンダの送別時、「パンダ人」の一人、李徳生氏はパンダを乗せたトラックに手を振っていた。その心の中には「オリンピックパンダ」への祝福の気持ちと同時に、残りの五十頭余りのパンダと行方不明の二頭への心配もあった。

李徳生氏の心配は当然であった。頻繁に余震が起き、パンダや「パンダ人」は、依然として土石流や礫の転落などの二次災害の危険にさらされていた。五月十九日には、強い余震が発生し、岩が転がり出して、パンダ茜茜《シィシィ》の動物舎周りのトタン塀を打ち壊した。それに驚き、ショックを受けた茜茜は、逃げ出して行方不明となってしまう。李徳生氏は、ただちに捜査を開始させる。七日後、台地上の山林にいたところを発見し、麻酔で眠らせて一〇〇キログラムにもなる茜茜を担いで帰った。この捜索に参加し、茜茜の糞便を見つけ発見につなげた魏栄平氏は、次のように回想する。「当時、大雨が降り続いていた。緩んだ大岩が川に転がり落ちている場所から、まず茜茜を尾根まで上げなくてはならない。しかし、尾根までには十メートルほどの崖があって、解放軍や武装警察の協力がなかったら、茜茜を助け上げることはできなかっただろう」。同様に探索に参加した年配の飼育員である周命華氏は、「茜茜を戻らせるのも容易ではなかったが、命の危険とともに、吸血鬼のヒルに悩まされた。その日、探索に参加した人たちは皆ヒルに刺され、天然痘の発疹のように衣服が血で染まった」と印象を語っている。

六月九日、行方不明になっていたパンダ毛毛の動物舎で、そこに堆積した泥や石を取り除いていると、毛毛の遺体が見つかった。最悪の結末であった。翌十日、何長貴氏が毛毛を埋葬する小さな墓の上に好物だったリンゴを置いた。彼は、リンゴを置くと、背を向けて涙ぐんだ。こうして、研究センターの六十三頭のパンダについては、八頭の「オリンピックパンダ」のほかに、地震で一頭が死に、一頭が行方不明ということになった。残ったパンダたちは大地震を乗り越えたのだ！

パンダたちの安全の確保のため、六月末までに五十三頭のパンダは何回かに分けて、臥龍核桃坪基地から移動した。うち二十頭が雅安碧峰峡《があんへきほうきょう》へ、二十六頭が昆明、成都、福州、武漢、広州などに預けられ、七頭が臥龍基地の安全な区域に残ることとなった。建物が再建されたら戻す予定である。パンダたちとの別れは惜しいが、これからも苦楽をともにするのが「パンダ人」である。

再建、そして前進

大地震はパンダへの大打撃を与えたが、社会の各団体の関心が寄せられるきっかけともなった。震災からの復興として、施設整備などと同時に、保護研究の向上を図ることにしているが、香港特区政府、四川省人民政府、国家林業局や、世界各国のパンダ保護団体、社会団体などからの支援を得ることができた。みんなの目標は、施設を再建するだけでなく、より合理的な施設配置を実現し、保護研究のレベルを向上できるパンダの故郷を創り上げること！　これをもとに、「一つのセンターと三つの基地」という建設計画を提案したところ、それが支持され、十分な建設資金と人材支援を獲得することができた。

「一センター三基地」の計画とは、都江堰が中核的なオフィス機能を持ったセンターに、その下に臥龍神樹坪《がりゅうしんじゅへい》基地、雅安碧峰峡基地、都江堰基地の三つを置いて統括する、というものである。臥龍神樹坪基地は、核桃坪から十数キロ離れた臥龍耿達鎮《がりゅうこうたつちん》神樹坪区域に設けられるが、ここは平地が比較的広くとれ、危険性も比較的低いところであるためパンダ園が再建される。都江堰基地には、パンダ疾病予防管理センターが新築される。これに既存の雅安碧峰峡基地を加えたのが「三基地」であり、三つの基地でパンダ保護事業の発展を促進していく。

基地の建設過程で忘れられないのは、社会団体などからの厚情と関心の高さであった。それは科学的な見地からの計画の実行と再建に向けて最大の原動力となった。特に、香港特区政府からの資金と技術的人材的な援助に「パンダ人」たちは勇気を与えられ、励ましを得た。再建中には、停電や断水、交通不能なども頻繁に起きたが、それらは些細なことであり、洪水や落石、土石流などの二次災害も数えきれないほど起こった。水と電気がないなかで、インスタントラーメンをすすった。洪水で交通が遮断されていても、工事の遅延が許されない時は、身を切るような冷たい川を泳いで渡った。四季の繰り返しのなかで、風霜雨雪のなかで、再建に奔走する「パンダ人」の黒髪には、めっきりと白髪が混じるようになった。中国本土、香港、全世界の数えきれないほどの人々のパンダへの注目を感じながら、自分たちの肩にかかっている使命と責任を自覚して、「パンダ人」はパンダに対する深い愛情をもって、一言の不満をもらさず頑張り通してきたのだ。

不死鳥のごとく蘇り、ジャイアントパンダの美しい未来へ

二〇一四年、都江堰基地と神樹坪基地が落成した。両基地とも中国建築業界最高レベルである「三星の緑の建物」としての認証を獲得した。われわれの「一センター三基地」計画によって、パンダ保護研究の能力も著しく向上し、さまざまな場所に避難していたパンダたちも、ようやく我が家に帰ることができた。二〇一五年、三世代にわたる「パンダ人」の研究成果を示せるようになり、中国政府は、パンダ保護研究事業を重視し支持し、中国パンダ保護研究センターを正式に承認・設立した。われわれの業務も従来の臥龍基地でのパンダ保護研究のみならず、中国全土、全世界におけるパンダ保護事業という神聖な職務をより高い段階で進めていくことになった。

復興任務の完遂と中国パンダ保護研究センターにおける新しい段階での活動は、不死鳥のごとく蘇って安住の場を獲得したセンターが新しい段階に入ったことを意味する。パンダと人間社会との共存共生というビジョンを達成するために、世界最大であるセンターの域外個体群を活用し、広範な国際協力交流のネットワークを構築するとともに、『カンフー・パンダ』など、ヒーローとして扱われるパンダの文化面での宣伝も行い、七頭のパンダを野生に帰す取り組みの成功や経験を活用していく。さらに、こうしたことを通して、パンダ保護研究の旗印のもと、

「一流の国際協力パンダ基地」「一流のパンダ繁殖基地」「一流の野生復帰基地」「一流の疾病予防と健康管理基地」「一流の科学普及と教育基地」を戦略目標として、パンダ保護研究事業をより深く探求し、全世界における環境保護の実践者、先駆者として活躍していこうとしている。

結局、私たちを「パンダ人」として駆り立ててきたものは何なのか？ 山の奥地の困難を極める状況のなかで私たちは、「釜を破り船を沈む（背水の陣）」の信念で繁殖技術に取り組み、大災害にあっても逃げずに救助のために全力投球した。かくして、スタートから現在まで、自己犠牲を顧みず風雨もいとわず、われわれ三世代にわたる「パンダ人」がめざしてきたものは何か？ 大地震発生以来、われわれが行ってきた仕事の裏側には、そしてパンダ保護研究事業が発展してきた背景には、中国とわれわれ「パンダ人」のパンダの保護と救済という使命が明確にあると思う。こうした「パンダ人」がパンダへの凝縮された一途な想いを持ち続けることこそが、希少動物種であるジャイアントパンダの、よりすばらしい未来を創造することにつながると思う！

座談会

上野動物園でシャンシャンが誕生！　――パンダの未来へ

黒柳徹子（日本パンダ保護協会名誉会長）
土居利光（前上野動物園長・日本パンダ保護協会会長）
廣田敦司（上野動物園パンダ班班長）

カンカン・ランランから四十五年

黒柳：日本にとって初めてのパンダ、カンカン・ランランが上野動物園に来てから今年で四十五年なんですってね。ちょうど節目の年にパンダの赤ちゃんが生まれて、本当におめでたいことですね。シャンシャンっていう、特にかわいい子がいま上野にいると思うと、それだけでもうわくわくしますよね。

土居：ええ、上野はパンダをずっと育ててきた歴史がありますので、そういう意味でもとてもうれしかったです。

黒柳：中川志郎さんに見せてあげたかった。毎朝六時半には園に来て、カンカン・ランランを育ててらしたんですものね。中川さんが生きてらしたらどんなに喜んだことでしょうね。

土居：とても喜んだでしょうね。黒柳さんは、カンカン・ランランが来たときからずっと日本のパンダを見守ってくださっているので、黒柳さんにご報告できることがうれしいです。

黒柳：本当にうれしいわ。パンダ班班長の廣田さんは、シャンシャンの出産のときもずっと立ちあってらしたの？

廣田：はい、生まれる瞬間も。

黒柳：いろいろな映像を見ましたけど、赤ちゃんって、本当にあんなふうに、ぴゅーんと出てくるものですか？

廣田：意外と早く出てきました。まったく難産ではなくて、つるっと出てきた感じです。

黒柳：よかったですよね。難産だと大変ですよね。四川省の難産のお母さんパンダが、壁に両足をつけて逆立ちしてがんばっている姿も見たことがあるから。

廣田：生まれる前の陣痛のときも、そういう姿が見られることがありますね。

黒柳：あんなに小さな子どもを生むのに、大変なのね。シャンシャンの生まれてからの成長はどうですか？

廣田：中国パンダ保護研究センターのスタッフの方にも来ていただき、お手伝いしてくださったり、アドバイスをいただいたりしたんですが、その方にも、今回は順調に、しっかり育っていると言われています。体重の増え方も標準的です、と。

黒柳：それなら、だいぶ安心なさったでしょう。生まれたときは、薄桃色のとても小さい生き物にしか見えないから、これがはたして、成長してちゃんとパンダになるのかどうか、不安ですよね（笑）。私、びっくりしたのよ。身体が薄桃色の赤ちゃんのときは、尻尾がすごく長くて、ひきずるくらいなのね。それが大人になると、なくなるような感じなのね。

廣田：そうですね。長さを測っていてわかったんですけど、体はぐんぐん、ぐんぐん大きくなるんですけど、尻尾はほんのちょっとずつしか大きくならないんです。それで相対的に尻尾が短くなったように見えるんだと思います。

黒柳：へえ。面白いですね。大人になっても尻尾が長いままだと、笹が食べにくいですものね。

生後 10 日目のシャンシャン。体重 283.9g、体長 17.6cm。この日の身体検査でメスと判明。（2017 年 6 月 22 日）

土居：たしかにそうですね。たとえて言うなら、未熟児で生まれているような感じでしょうか。これだけ大きさの違う子どもを育てるというのはすごいですよね。

廣田：今年の六月十二日にシャンシャンが生まれて、その二日後の記録では、体重が一四七グラム、体長が十四・三センチでした。十月三十日には九一〇〇グラムに育っていましたから、かなり大きくなりました。

黒柳：お母さんのシンシンはどれくらいの重さですか？

廣田：一二〇キログラムです。

黒柳：お母さんと子どもの大きさの比率がすごいわね。

土居：母親の約千分の一の重さで生まれる動物はめずらしいです。

廣田：なかなかいませんね。他の動物の赤ちゃんは、毎日見ていると、大きくなっていくのがあまりわからないんです。でもパンダは見る見る大きくなるので、それが驚きです。

黒柳：まあ、かわいいわね。

土居：毎日見ていても、大きくなっていくのがわかる感じ？

廣田：本当に、次の日に見ると、あれっ、もう大きくなったかなって思うときもあります。

土居：成長を日々実感するというのはすごいですね。

黒柳：そんな動物、めずらしいですよね。見ていて面白いでしょう。

廣田：成長が実感できるのは楽しいです。今ではもう、お母さんパンダのミニチュアのような感じです。

相性がいいシンシンとリーリー

黒柳：廣田さんは、ご専門は何ですか？

廣田：もともと勉強していたのはカエルとかイモリなんですが、それもホルモンとか内分泌系のことをやっていました。

黒柳：それなら、パンダの赤ちゃんが生まれるときに、勉強されたことが生きてよかったんじゃないですか。

廣田：ええ。妊娠や交尾のときに、どうしてもホルモンの話が出てきますので、そういうところは役に立ちましたね。

黒柳：パンダのお母さんは、妊娠しても外からだとわかりにくいから、おしっこにホルモンが出ているかどうかを調べるとか。今回はどうだったんですか？

廣田：ずっと測っていました。ホルモンで妊娠しているかどうかの判断はできませんが、今回は典型的なホルモンの推移や行動などが見られたので、なんとなく妊娠の可能性が高いなと感じました。

黒柳：おしっこは、どうやって採るんですか。パンダの部屋の下に溜めておくところがあるんですか？

廣田：お母さんパンダのシンシンがおりこうで、合図を出したら、ちゃんとおしっこをしてくれるんです。

黒柳：お母さんが？　すごい!!（笑）

土居：そういうふうに結構いろんなトレーニングをしてるんですよ。採血もしますし。

黒柳：採血のとき、パンダが手を出すって何かで読んで、驚いちゃいました。

廣田：最近はそういうやり方が一般的になっていて、おしっこを採るときや血を採るとき、それから体の見づらい部分を見るときも、指示を出したら、寝っころがったり、腕を出したりしてくれます。というのも、実は採血をするときには、ずっと好物のパンダ団子をあげていて、その間に針を刺しています。

黒柳：食べ物につられちゃうのね。

廣田：何かこちらがしてほしいことをやってくれたときは、ご褒美をあげるというのがトレーニングの原理ですね。

土居：他の動物もそうなんですが、採血など健康管理のために必要なケアを柵の外からでも安全にできるように、ターゲットトレーニングというものをやっています。今回の、シンシンとリーリーの同居のとき、中国のスタッフが間に合わなくてこられなかったんですけど、班長の廣田さんが全部指示を出したんです。それが本当にうまくいったんです。

黒柳：二頭はちゃんと交尾できたんですか？　あんなまん丸としたものが、どうやって？　と思うんだけど。うまくいくんですか？

廣田：ええ、えらかったですね。メスだけじゃなくて今回、オスがいいオスで。

黒柳：あらそう。お父さんのリーリーはどんな性格なのかしら？

廣田：普段はすごくのんびり、おっとりしています。ちゃんと言うことを聞いてくれますし、怒りっぽいというようなこともありません。

黒柳：いい子なんですね。乱暴じゃないのね。

廣田：全然乱暴ではないです。

黒柳：お母さんのシンシンはどんな性格ですか？

廣田：お母さんはマイペースです。

黒柳：私も見たとき、そう思いましたよ。マイペースだなと。(笑)

廣田：ちょっと食いしん坊なところがあるので、餌があると移動してほしいところにすぐきてくれます。

黒柳：性格もまったく違う二頭が一緒になるというのは、すごく大変でしょうね。それに、一年に一回しか発情しないから、タイミングを合わせるのも難しいでしょう。

土居：廣田さんが苦労したのは、まずメスのシンシンが本当に発情期がきてるかどうか、お尻をつついたりして確かめたことですよね。

廣田：シンシンのお尻のところを、竹の棒でちょっと押すんです。それを何回かやってみて、尻尾を上げたので、シンシンの受け入れ体勢はオーケーだなとわかって。そのタイミングで同居させました。

黒柳：シンシンは恋鳴きしたんですか？　明らかにわかるように？

廣田：ええ。「羊鳴き」といわれる「メェー」と聞こえる声や「鳥鳴き」といわれる「キャン」と聞こえるような声で鳴きます。でも実は、交尾をする日の前日は、同居させるかどうか、すごく迷ったんです。オスのリーリーと少し離れてシンシンが歩いているし、鳴き声もちょっと違う気がするなと思って、その日の同居はやめたんです。翌朝には、もう明らかに違う声で鳴いていたので、「今日だな」とわかりました。

黒柳：それは本当にタイミングがピッタリ合ったのね。やっぱり、メスのご機嫌一つにかかってる？

廣田：まさにそうですね。オスはいつでもスタンバイOKなんですけど(笑)、メス次第です。

黒柳：メスだけじゃなくて、オスも恋鳴きするんですか？

廣田：オスも鳴きます。今回は二頭がわかりやすくサインを出してくれました。柵越しにお見合いをさせて、いけるな、というタイミングで一緒にしたときにすぐうまくいけばいいんですけど、お互い少し怖かったのか、見合っちゃって。今回はシンシンがちょっと後ずさりしたりリーリーを叩いたんですが、リーリーはひたすら耐えていたので、やっぱりいいやつだなと思いましたね。（笑）

黒柳：それはよかったわね。短気だったらねえ。

廣田：短気だともう成立しません。交尾するまで時間がかかるパンダも多いようですが、シンシンとリーリーは四十分くらいでしたね。その間にずっとリーリーがシンシンにアプローチしつづけました。

黒柳：やさしいわね。

廣田：やさしいですね。メスのシンシンも、しびれを切らさなかったので、忍耐強かったです。

黒柳：交尾に関しては、パンダは他の動物に比べて難しい動物だと思われます？

廣田：動物の種類にもよりますが、年に一回しか発情しない動物はパンダだけではなくて他の動物にもいるんですね。たとえば、フェネックという小さいキツネの仲間は、発情がだいたい年に一〜二回です。あと、アライグマの仲間の、カコミスルという動物は、年に一回、本当に一日、二日しか交尾ができないんです。

黒柳：大変!!　「今日よ」っていう日に合わせるのが。

廣田：そう考えると、パンダだけが特別難しいというわけではないかもしれません。ただ、このペアがだめだったから別のパンダに、というふうに替えられないことが難しいところですね。

黒柳：そうですよね。他から持ってくるってわけにはいきませんものね。

廣田：中国のスタッフの方も、上野の二頭の出産を期待してくださって、「自然交配ができるペアは中国以外の国に、そうはいないから、ぜひ自然交配でやってほしい」と言われていました。

黒柳：二頭が仲がいいっていうのも、めずらしいでしょう？

土居：動物園で仲のいい動物ってなかなかないことなんです。自然交配できるというのは、動物園では少ないんです。

黒柳：へーえ！　自然の方が生まれる率がいいってこと？

廣田：はい。生まれる率も人工授精より格段に高いですし、お母さんがちゃんと自分で育てたパンダの子どもはその後、大人になっても、ちゃんと自然交配ができる確率が高くなるんです。

黒柳：へえ。不思議ですよね。

廣田：だからお母さんがちゃんと教えて、ちゃんと育ててあげたパンダは、しっかりした子に育つようです。

最初のおっぱいは緑色

土居：五年前の二〇一二年に上野動物園で生まれた赤ちゃんは、六日目に肺炎で死んでしまいました。そのときは、シャンシャンと違ってあまり体重が増えなかったんです。今回はすくすく成長していますね。

黒柳：赤ちゃんが死んでしまった後にお母さんパンダのシンシンは悲しんだり、いなくなって探し歩くようなことはしなかったんですか？

廣田：子どもがいなくなってしばらくの間は鳴いて探し回っていました。でもそのうち落ち着きましたね。

土居：前回も、抱っこしている赤ちゃんを離したらすぐ鳴いて、戻すとちゃんと面倒を見てましたから。いいお母さんです。

黒柳：前回のことを乗り越えて、二回目の出産・育児なんですね。今回はちゃんとお母さんのシンシンが育てられるという予測はついていました？

廣田：いや、前回もシンシンは子どもを抱いていたので、きっと今回も抱くだろうという予想はあったんですけど、それでも、ちゃんと母乳をあげて子どもが飲むところを確認できるまでが一番怖かったです。

土居：万が一、育児放棄したときのために、保育器の用意などもしていたんです。

黒柳：それを使わずにすんでよかったです。おっぱいを飲むとき、お母さんの胸のところに子どもをつっこむから、見えないでしょ。

廣田：見えないですね。

黒柳：本によると、緑色のおっぱいが出るそうですが、本当にそうですか？

土居：今回もそうですよ。

廣田：真緑っていうほどではないですけど、緑がかった黄色というか、緑に近い黄色ですね。

黒柳：不思議ねえ。やっぱり笹の色が影響しているのかしらね。それは、最初のおっぱいだけなんですか？

廣田：最初だけですね。初乳《しょにゅう》といわれる時期がその色で、一週間くらいたってくると徐々に緑色が薄れてきます。

黒柳：子どもは緑色でも飲みますか？

廣田：飲みますね。(笑)

黒柳：この「初乳」は、きっとすごく栄養があるんでしょうね。

廣田：はい。栄養があって、免疫力がつくようですね。だから万が一、抱いている子どもを落としちゃったり、育てられなくなったときに備えて、栄養がある初乳はなるべく取っておくということで、中国のスタッフの方にしぼってもらいました。

黒柳：中国の方はしぼれたんですか？　すごいわね。どうやってしぼったんですか？

廣田：餌をあげている間にしぼります。檻の格子にお母さんパンダのシンシンがもたれてタケノコを食べている間に、両脇から手を入れるんです。中国のスタッフは片手で容器を持ちながら、片手でしぼっていました。

黒柳：一人の人が？

廣田：はい。僕はできませんでしたけど。

土居：やっぱり技術ですよね。

黒柳：技術を持った、慣れた方でないと難しいでしょうね、きっと。それで、その母乳を冷凍して赤ちゃんにあげることもできるんですか？

廣田：そうですね。いざというときのために冷凍しておきます。今回は幸い、それをあげる機会はありませんでした。

黒柳：でも、よかった。じゃあ、今度の子は豊富におっぱいを飲めたんですね。

廣田：はい、じゅうぶん飲めていると思います。

母乳のためにタケノコ

黒柳：パンダの子どもは、ちっちゃいわりにはいっぱい母乳を飲みますよね。

廣田：そうですね、一日のうちに十何回もおっぱいにくっつきます。

黒柳：その間、お母さんはいやな顔をしないで与えてるんですか？

廣田：地面に一回も置かないで、ずっと抱いてました。

土居：最初はかなり疲れちゃうと思うんですよ。

廣田：もう見た目でもぐったりです。子どもを抱いたまま寝ちゃって、そのまま倒れて、子どもが「ギャッ！」って一回鳴いたら、気づいてまた座り直す、というのを繰

生後一ヵ月のシャンシャン。
体重 1147.8g、体長 29.5cm。（2017 年 7 月 12 日）

り返して、すごく大変そうでした。

黒柳：子どもは踏まれても困るから、あの声で鳴くんですか。「アアッ！」って声で。

廣田：すごく大きな声で鳴きます。

黒柳：あれはやっぱり踏まれちゃうからでしょうね。

廣田：そうですね、はい。

黒柳：シャンシャンはおっぱいをよく飲んだようですが、今回はおっぱいの出がよかったのね。

廣田：はい。中国のスタッフから、子どもが生まれたら、お母さんの母乳がよく出るように、タケノコをいっぱい食べさせてほしい、とにかく量は確保しなさいとアドバイスをいただきました。パンダが食べるものの中でも、タケノコは栄養価が高いんです。

黒柳：そうなの。お母さんのシンシンは、食べ物は何が一番好きなんですか。

廣田：パンダ団子という、中国でもあげている餌です。それとタケノコが一番好きですね。

土居：パンダ団子は人間が食べるとあんまりおいしくないですよ。

黒柳：中川さんの本によると、ぼそぼそしておいしくないっていうようなことが書いてありますね。あんまり細かくしちゃうとザラザラして食感がだめなんですっね。

土居：パンダ団子は栄養補給ですね。主食は竹類ですから。あとは果物もあげます。

廣田：果物では特にリンゴが大好きですね。タケノコも大好きで、どんな種類のタケノコでも、ほとんど食べます。でも出産した六月には、なかなかタケノコがなくて。

土居：タケノコを手に入れるのに、相当苦労したんですよ。

廣田：餌担当の部署に探してもらいました。さらに偶然、園内にタケノコが出ていたんです。ちょうど最盛期の種類があって、本当にラッキーでした。

黒柳：それはよかったわね。

廣田：それをもう毎日、毎日刈り取って。それでいっぱい食べてもらいました。普段はこんなにタケノコを与えないんですが。そのおかげで母乳がよく出ましたね。

黒柳：赤ちゃんが母乳を詰まらせることもなくてよかったですね。

廣田：そうですね。ただ子どもが最初のうちはずっと右上のおっぱいにしか吸い付かなくて、中国のスタッフが、ずっとここしか飲まなかったらすぐ出なくなるし、量が限られてるから足りなくなるかもしれないと言って、子どもを他のおっぱいに移そうとしたんです。中国のスタッフがお母さんの脇から手を入れて、子どもをずらすんですけど、お母さんは嫌だっていうふうに戻すんです。

黒柳：それはすごいわね。（笑）

土居：抱きぐせがついてるから、位置が固定されてきちゃうんですよね。

廣田：そうなんです。右が好きみたいですね。それを左に移そうとすると、お母さんは右に戻してしまいます。また左に移そうとしても戻される、というのをしばらく繰り返していました。

黒柳：おかしいわね。

廣田：でも結局は、子どもが自分で左に移ったんです。それで、お母さんが同じように「やだ」って右に移そうとするんですが、子どもが勝ちました。

黒柳：あらあ、そうなんですか。へえ。じゃあ、子どもはおっぱいが出る方へいったのね、きっと。

土居：たぶん、出なくなるとわかるんでしょうね。

廣田：それで子どもが動いたんですね。だから人間がやるよりも、やっぱりお母さんと子どものコミュニケーションにはかなわないなって本当に思いましたね。

黒柳：面白いのね。飼育していらして、大変だろうと思うけど、うらやましいかぎり。（笑）

早くに性別がわかったわけ

黒柳：シャンシャンはメスだとわかったのが、生まれて一週間後くらいでしたよね。こんなに早くわかってびっくりしました。

土居：判別は難しいです。見てもすぐにわからないでしょう？

廣田：僕たちには、なかなか自信を持ってオスかメスかを見分けることは難しかったんです。中国から来ていただいていたスタッフも、「メスっぽいね」という感じでしたが、念のため写真を撮って中国に送り、何人も専門家に見てもらい、何度かやりとりがあった後に決定しました。

黒柳：触ってみたりしたんじゃないんですか？

廣田：体重を測るときに触ってみますが、そのときは保留にして、数日後にもう一回取り上げて見て、メスに決定ということになりました。

黒柳：過去にアメリカでも性別がわからなくて、メス同士を結婚させたりしてね。子どもが生まれないって大変な騒ぎになったことがありましたよね。

土居：実は、トントンも性別を間違えていたんですよね。

黒柳：そうそう、はじめはオスだと思っていて、子どものときに違うとわかったのよね。「トントン」って名前をみんなで付けたのに。女の子だったの。

土居：そうでした。ところで、園の今後の飼育方針としては、ずっと母親が育てるんですよね。

廣田：はい、そうですね。

土居：いつ頃から竹を食べ始めます？　一年以上たってから？

廣田：だいたい生まれて一年後ですね。今から竹を噛んだりはしています。歯がむずがゆいのか、噛み噛みしてるんですよ。実際に食べるのは一年過ぎてからですね。

黒柳：シャンシャンが笹を握って振り回したりしてますよね。お母さんのを見て面白いと思ってまねしてるのかしら。

廣田：どうでしょうね。とにかく見ていると好奇心が旺盛な感じが今からするんです。今朝も飼育してきたんですが、シャンシャンがいる部屋に掃除に入って、ほうきでゴミを掃いていたら、ちょっと警戒しながら、ほうきやちり取りに寄ってきました。僕がちょっと動くとびくっと後ずさりして、またこわごわ見にきます。好奇心が勝ってるんだなと。

黒柳：かわいい！　他の動物と比べても、パンダって物事にすごく好奇心を持つ動物だと思うんですけど、やっぱりそうですよね。

廣田：そうですね。パンダが人に対してあまり警戒しないことと関係するかもしれませんが、他の動物の子で、特に母親が育てた子は、職員が来ると逃げていくことがよくあるんです。でもシャンシャンは、全然逃げずに寄ってきますから。

黒柳：今の段階では抱っこもできるんですか。

廣田：抱っこもできます。でもやっぱりお母さんが育てているだけあって、僕たちに対しては警戒するんです。ときにはシャンシャンが僕たちに向かって、叩いたり吠えたりもします。でもお母さんが来たら、もうずっとお母さんの歩いていくところについていきます。お母さんが寝てるときも、まとわりついて体を乗り越えたりして。お母さんのほうがうるさいなって、他の部屋に行っちゃうこともありますね。

黒柳：この前、シャンシャンの映像を見ましたけど、お母さんの後を追いかけて歩いてますよね。でもお母さんはわりと素っ気なく隣の部屋に行っちゃいますよね。

廣田：結構、素っ気ないですね。

黒柳：でも、素っ気なくされても、すぐお母さんの後を追ってね。前足は出るけど、後足が、まだグニャグニャなんで、こけつまろびつ（笑）。たどり着くまでに時間かかっちゃうのね。

夏は大の苦手、雪が降ると大はしゃぎ

廣田：熊と同じくらい力のある動物が、小さな赤

生後60日のシャンシャン。体重3.0kg、体長43.9cm。（2017年8月11日）

ちゃんをケガしないようにくわえたり、持ったりできる、そういうことを教えもしないでできるっていうことがすごいなと思いますよね。お母さんには本当にかなわないと思いますね。

黒柳：本当にそうですよね。パンダはみんな色分けは同じですね。でもシャンシャンならではの特徴って、何かありますか。

廣田：シャンシャンは、後ろ足の黒いところにちょっと白い毛が生えてるんですよ。かかとのあたりに。中国のスタッフも「これはきっと大人になってからもずっと残るよ」と言っているので、トレードマークになりそうです。

黒柳：かわいい！　スリッパを履きつぶした感じ（笑）。面白いことといえば、パンダは木の上から落っこちても大丈夫なんですよね？　丸まったままぽんと落ちてきて。トントンは、木からよく落ちたんですね、木登りが上手で。降りてくるときにすとんと落ちても、大熊猫っていうだけあって、猫みたいにケガしないのね。

土居：野生動物は大丈夫なのかもしれません。オランウータンも木から落ちても大丈夫でした。

廣田：木によく登る時期は大丈夫な体になってるんですね。子どもの頃はとにかくよく木に登るようです。だから今回、中国のスタッフの方に、「木に登ってほしくないところは登らせないような仕組みにしておかないと、登ったまま帰ってこなくなるよ」ってアドバイスをいただいているので、気をつけないと、と思います。

黒柳：不思議なことがいっぱいありますよね、パンダってね。他の動物もそうかもしれないけど、パンダは特にそうよね。

土居：パンダはいまだに謎が多い動物なので、最初に育てた方は特に大変だったと思います。何もわからなかったときに手探りの状態だったでしょうから。

黒柳：そうでしょうね。鼻水垂らしただけで、その原因が何か全然わからなくてね。漢方薬をあげたっていう逸話がありますから（笑）。薬局で年齢を聞かれて、「子どもです」と答えたらしいんだけど、体重はどのくらいか聞かれて。

土居：「五十五キロ」とパンダの重さを言ったら、「そんな子どもいるの？」って薬局の人が驚いたって。（笑）

黒柳：それくらい大変だったけれど、これまでの経験から、ずいぶんいろんなことがわかってきて。カンカン・ランランの飼育担当の本間さんが言ってたことで一番おかしかったのはね、二頭が来たばかりのときにね、「カンカン」って何度呼んでも、寝ぼけたみたいになってぼうっと座ってる姿にびっくりしちゃって。朝に寝ぼける動物っていうのを知らなかったんですって。あんまりいないでしょ、野生動物で寝ぼけるなんて。リンゴをあげてもぼとんって落としたんですって。これは大変だと思って、すぐ中川さんのところに電話したらしいのよ。

土居：具合がわるいんじゃないかと思って。

黒柳：それでサトウキビか何か違うものをあげたら、またぼとんって落としたんですって。どうしようと思ってるうちに、カンカンの意識がだんだんはっきりして、落とした物を走って拾いにいって、座って食べたんだそうです。でもパンダは近眼なんですよね。

廣田：目はそんなによくないみたいですね。

黒柳：そういう一つ一つのことに右往左往した時代があったのね。

廣田：そうですね。あと、知らなかったらびっくりすることといえば、夏場は食欲が急激に落ちちゃうんです。夏は特に苦手で。

黒柳：人間みたいですね。

廣田：その原因は暑さだけではないと思うんですけど、夏場は、もうとにかく食欲が落ちて、動きも鈍くなって、寝てる時間が長くなるんです。呼んでも何しても起きないし、やっと起きてきても、となりの部屋に移動するのに十分もかかるし。夏場にそんなふうになるって知らなかったらびっくりしますよね。

黒柳：あれだけ毛が生えてるから、暑いんでしょうね。パンダは山奥の涼しいところに住む動物でしょうからね。

土居：日本の夏は特に暑いんだと思いますよ。パンダの住んでるところはここまで暑くはならないですよね。

廣田：そうですね。暑くなっても自分で涼しいところに行って調整しているようですね。それと、時々言われる「パンダは頭が悪い」というようなことはまったくないですね。パンダは動物の中でもよく遊ぶほうだと思います。

黒柳：中川さんもおっしゃっていましたけど、パンダは遊び方の天才だって。カンカンも、すごくお利口でしたよね。遊び方がうまいなんていうのは、動物の中でも上等でしょうね。

土居：そうでしょうね。雪が降るとすごく遊びますよね。

廣田：はしゃぎますね。雪がちらついたら、降ってくる雪を手で取ろうとしたり、普段はしないのに、雪の中ででんぐり返しをしたりしています。

黒柳：あら、かわいいわね。やっぱりわかるんですかね。先祖はそういうところにいたっていうことが。

廣田：わかるみたいですね。雪に対しては特別な行動をすることがありますね。

土居：遊び方にも個性が出てくるんですよね。

廣田：そうですね。シンシンの方はそれほどはしゃぐっていうことはあまりないんですけど、リーリーは結構はしゃぎます。こんなに喜ぶのかと驚きました。他の動物ではほとんど見たことがないですからね。

パンダがすくすく育つような環境に

土居：黒柳さんは、上野で今回生まれたシャンシャンに、どんな環境で育ってほしいと思いますか。

黒柳：私はロンドン動物園のチチっていうメスのパンダが一番最初に見たパンダなんですけど、そこは芝生がいっぱい生えてて、なだらかな斜面に、ちょっと遊び場があって、その真ん中に木でベッドが造ってあったの。それで下の方を歩いて行くと、ドアがあって、それを開けると、オスの方に行けるようになってたんですよ。あれ、とってもいいと思いました。一九六八年のことですけれど。でも相当の場所が要りますよね。

土居：たしかに、よく考えられたパンダ舎ですね。今度、上野動物園のパンダ舎を移転させるんですよ。

黒柳：へえ、どこに？

土居：こども動物園を弁天門の方に移したので、そこに新しいパンダ舎を来年度から着工するんです。そうすると今より少し広くなって、飼育のスペースも広くなります。今までよりは広く立体的に使える設計にしてあるんですよ。起伏も造ろうと思ってるんです。あと木組みをたくさん入れるつもりです。

黒柳：居心地よくなりそうでいいわね。パンダはそういうのが好きですから。

土居：そうして、次の繁殖につなげていきたいと思っています。

黒柳：そうですね。シンシンとリーリーは相性のいいパンダですから。

廣田：シンシンとリーリーを中国で選んできた時点で成功の始まりでしたね。

黒柳：確実に、そうでしょうね。

土居：いいパンダが上野に来てくれてよかったです。野生のパンダについては、二〇一五年に公表された調査結果（中国国家林業局発表）で一八六四頭いるということです。

黒柳：そんなに細かい数字までわかっているんですね。

土居：ええ。動物園などで飼育しているパンダも、現在五〇〇頭近くいるんです。もちろん中国が一番多いんですけど。

黒柳：チチの時代にくらべたら、すごく増えましたね。

土居：科学技術も進歩してきていますし、その結果だと思います。動物園のパンダも将来的には、野生に帰すことにつなげたり、もう少し広いところで違う飼育の方法を試みたりしていくことになると思います。黒柳さんは、パンダの住むところについて理想はありますか。

黒柳：そうですね、雪が降ったら喜んででんぐり返ししたというくらいですから、パンダはもともとは、雪が降るような山にいる動物なんでしょうね。保護色と言われているくらいのね、白い雪があるようなところに。そういう、パンダが好きなところに住んでもらいたいです。そういえば、成都の繁殖保護センターに行ったとき、行き倒れの野生のパンダに会ったことがあるんです。そのパンダはなぜか片手をなくして歩いているところを村の人たちが見つけて、繁殖保護センターが保護したそうなの。私が会ったときは檻の中に入っていたんだけど、「野生だから気をつけて」って言われたんですよ。私が側に寄ったら、最初は乱暴な感じだったの。でも、「あなたもいろんなことがあって手をなくしちゃって、かわいそうね」って日本語で話しかけたら、そのパンダの目がうるうるしてきて、「そうなんですよ、お話を聞いてくれて本当にありがとうございます」って、訴えかけるような目で私を見てくるの。だからやっぱりこういう動物っていうのは野生でも、ちゃんと話しかけるとね、わかるんだなと思いましたね。

土居：そのパンダが黒柳さんの感性に惹かれて、共感したんでしょうね。動物によってはありますよね。

廣田：ありますね。

黒柳：やっぱり？　私、絶対あると思ってました。

土居：基本的には動物の立場に立ってみるということが大切なんじゃないですかね。

廣田：将来のことを考えると、上野で生まれたパンダが中国に帰って、お母さんになって、その子が生んだ子どもが野生に帰るという可能性も今後あるかもしれません。そうなったらうれしいですね。

土居：その可能性はありますね。でもある程度、訓練しないと難しいと思うので、そのための馴化《じゅんか》施設をつくって、慣らしながらやっていくという過程をとったほうがいいですね。急に野生に帰すのは、他の動物の例を見ても厳しいようです。

廣田：そうですね。日本で暮らしていたパンダがいきなり中国の山で生きていくのはちょっと難しいですよね。

黒柳：でも、その片腕をなくした野生のパンダなんかを見てると、意外とその境遇にすぐ慣れる動物なのかもしれませんよね。私たち人間が思ってるよりも早くね。

生後105日のシャンシャン。ふんばって進めるようになった。(2017年9月26日)

廣田：そうかもしれません。今は中国も野生にパンダを帰すための取り組みに力を入れていますので、近い将来に、生まれたパンダが山に帰ることが、もう少しスムーズにできるようになるかもしれないなと思います。

土居：そもそも、パンダの主食は竹ですから、もしこの世の中から竹がなくなったら、パンダは生き残っていけません。パンダも環境に依存している動物なんですね。だから結局、パンダについて考えることが、環境について考えることにもつながっているんですよね。それが、動物と私たちとの関係についても考えるきっかけになる。パンダはそのシンボル的な存在だと思いますね。

黒柳：そうですね。私たち人間が子どもたちを育てるときには、いい環境を望むのと同じように、パンダにも、公害などで汚染された竹ではなく、青々とした竹を食べられて、きれいな空気の中ですくすく育つような環境をつくっていきたいですね。パンダは環境大使といってもいいかしら。（笑）

初出一覧・著者略歴

第1章　パンダを愉しむ

北京の大熊猫／書き下ろし

浅田次郎（あさだ・じろう）
一九五一年、東京都生まれ。作家。『鉄道員』で直木賞、『中原の虹』で吉川英治文学賞、『帰郷』で（大佛次郎賞）など。清朝末期が舞台の長編小説シリーズの刊行が一九九六年から二十年以上にわたって続き、第五部『天子蒙塵』が刊行中。これまでに中国を四十回以上訪問。日本ペンクラブ前会長。

『たれぱんだ』誕生秘話／書き下ろし

末政ひかる（すえまさ・ひかる）
一九七一年、福岡県生まれ。キャラクターデザイナー。九五年、サンエックス株式会社にデザイナーとして入社。入社間もない頃に描いた「たれぱんだ」が大ブームとなる。二〇〇一年四月退社。〇二年十月、株式会社てててんを設立。ほかに手がけたキャラクターは「ぴよだまり」「そるるんひめ」「おにゃんこポン」「ありさんのくらし」など。

クマネコと書いてパンダとは……／書き下ろし

ヒサクニヒコ
一九四四年、東京都生まれ。漫画家・イラストレーター。『戦争 漫画太平洋戦史』で文藝春秋漫画賞受賞。恐竜研究家としても知られ、動物や恐竜の遺跡を求めて、中国、アフリカ、アメリカなど、世界各地を取材。著書『世界恐竜発見地図』など多数。東京動物園協会評議員、横浜市緑の協会評議員、日本パンダ保護協会評議員。

大切な忠告／書き下ろし

岡田利規（おかだとしき）
一九七三年、神奈川県生まれ。演劇作家・小説家・チェルフィッチュ主宰。『三月の五日間』で岸田國士戯曲賞、小説『わたしたちに許された特別な時間の終わり』で大江健三郎賞、戯曲集『現在地』で三島賞候補。その他の著書に『エンジョイ・アワー・フリータイム』、『遡行』、『現在地』など。

パンダを描いてみたい／書き下ろし

ヒガアロハ
漫画家。二〇〇六年、「しろくまカフェ」で『月刊フラワーズ』(小学館)よりデビュー。一二年、同作がテレビアニメ化。現在、『ココハナ』(集英社)にて「しろくまカフェ Today's Special」連載中。『しろくまカフェ bis』全四巻、『しろくまカフェ Today's Special』一巻〜(いずれも集英社)発売中。

『パンダコパンダ』――宮崎駿と私の仕事の原点／書き下ろし

高畑勲(たかはた・いさお)
一九三五年、三重県生まれ。アニメーション映画監督。スタジオジブリ設立以前の一九七二〜七三年、劇場用中編映画『パンダコパンダ』(脚本・宮崎駿)の監督を務め、『となりのトトロ』や後年のジブリ作品にもつながった。劇場用長編映画作品『火垂るの墓』、『おもひでぽろぽろ』、『平成狸合戦ぽんぽこ』、『かぐや姫の物語』など。

熊猫家族／書き下ろし

温又柔(おん・ゆうじゅう)
一九八〇年、台湾・台北市生まれ。作家。三歳の時に家族と東京に引っ越し、台湾語混じりの中国語を話す両親のもとで育つ。「好去好来歌」ですばる文学賞佳作、『来福の家』を刊行。『台湾生まれ　日本語育ち』で日本エッセイスト・クラブ賞受賞。『真ん中の子どもたち』で芥川賞候補。

毎日パンダ二〇〇〇日／書き下ろし

高氏貴博(たかうじ・たかひろ)
一九七八年、埼玉県生まれ。二〇一一年八月十四日から上野動物園に毎日通って、ブログ『毎日パンダ』にリーリーとシンシンの写真を掲載し続けている。日本パンダ保護協会会員。本業はウェブデザインと写真撮影。著書『おつかれっ！　毎日パンダ』『毎日パンダ　３６５日上野動物園に通っているよ日記』。

パンダの賀状／書き下ろし

出久根達郎（でくね・たつろう）
一九四五年、茨城県生まれ。作家。『本のお口よごしですが』で講談社エッセイ賞、『佃島ふたり書房』で直木賞、『短篇集　半分コ』で芸術選奨文部科学大臣賞受賞。その他の著書に『本があって猫がいる』、『人生案内』など。日本ペンクラブ理事。二〇一六年より日本文藝家協会理事長。

第2章　パンダを知る

対談　日本にパンダがやってきた／『パンダと私』黒柳徹子著、朝日ソノラマ、一九七二年（抄録）

黒柳徹子（くろやなぎ・てつこ）
東京都生まれ。女優。日本パンダ保護協会名誉会長。カンカン・ランラン来日以前に、日本でまだ知られていなかったジャイアントパンダを詳しく調べ、広く紹介した。八四年、ユニセフ親善大使就任。世界自然保護基金ジャパン顧問、日本ペンクラブ会員。ジャイアントパンダ名前候補の選考委員。おもな著書に『窓ぎわのトットちゃん』、『パンダ通』（共著）など。

中川志郎（なかがわ・しろう）
一九三〇年、茨城県生まれ。獣医師として恩賜上野動物園に勤務。七二年、飼育課長としてカンカン・ランランを受け入れた。八四年、多摩動物公園長、八七年～九〇年、上野動物園長。ミュージアムパーク茨城県自然博物館館長、東京動物園協会理事長、日本パンダ保護協会会長などを歴任。著書『カンカンとランランの日記』など。二〇一二年没。

飼育日誌　パンダと暮らした一か月／「別冊週刊読売　パンダ」読売新聞社、一九七三年一月十日発行

中川志郎　前掲

トントンのお母さんは子育てじょうず／「少年朝日年鑑別冊　トントン・ブック」朝日新聞社、一九八七年一月三十一日発行

増井光子（ますい・みつこ）
一九三七年、大阪府生まれ。獣医師として恩賜上野動物

園に勤務。八五年、人工授精で日本初のパンダ誕生に成功。八八年、井の頭自然文化園長、九〇年多摩動物公園長、九二年上野動物園長、九九年よこはま動物園ズーラシア初代園長。著書『わたしの動物記録』など。二〇一〇年没。

トントン誕生！ やったね、ホアンホアン／『童童』講談社、一九八七年（抄録）

佐川義明（さがわ・よしあき）
一九四七年、栃木県生まれ。恩賜上野動物園飼育課に勤務。七三年二月からパンダの飼育を担当。二〇〇七年三月末に定年退職するまで二十三年にわたり、カンカン・ランラン・ホアンホアン・フェイフェイ・チュチュ・トントン・ユウユウ・リンリン・シュアンシュアンの飼育に携わる。著書『上野の山はパンダ日和』など。

空飛パンダ、リンリン逝く／「うえの」二〇〇八年七月号

小宮輝之（こみや・てるゆき）
一九四七年、東京都生まれ。七二年、多摩動物公園の飼育課に勤務。恩師上野動物園、井の頭自然文化園の飼育係長、多摩・上野の飼育課長を経て、二〇〇四年八月〜一一年七月、上野動物園長。東京動物園協会常務理事。著書『Zooっとたのしー！ 動物園』など。

リンリンと過ごした時間／『パンダもの知り大図鑑』誠文堂新光社、二〇一一年（抄録）

倉持浩（くらもち・ひろし）
一九七四年、神奈川県生まれ。二〇〇二年、恩賜上野動物園飼育課に勤務。〇四年四月からジャイアントパンダのリンリンとシュアンシュアンの飼育を担当。一一年、パンダ班班長としてリーリーとシンシンを受け入れる。一六年四月から多摩動物公園飼育展示課野生生物保全センター主事。著書『まるまるパンダ』『パンダ――ネコをかぶった珍獣』。

パンダだけの返事／書き下ろし

遠藤秀紀（えんどう・ひでき）
一九六五年、東京都生まれ。東京大学農学部卒。国立科学博物館、京都大学霊長類研究所を経て、東京大学総合研究博物館教授。博士（獣医学）。獣医師。動物の遺体に隠された進化の謎を明らかにし、標本として未来へ引き継ぐ活動を続けている。ジャイアントパンダで七本目の指を理論化した。著書『パンダの死体はよみがえる』、『パンダが来た道』（監修）など。

パンダの〝草食系〟に違和感／「AERA」二〇一一年十一月二十一日号

福岡伸一（ふくおか・しんいち）
一九五九年、東京都生まれ。京都大学卒。ハーバード大学医学部博士研究員、京都大学助教授などを経て、青山学院大学教授。分子生物学専攻。農学博士。『生物と無生物のあいだ』でサントリー学芸賞受賞。おもな著書に『動的平衡』など。

日本初ふたごパンダ出産／『パンダのひみつ』アドベンチャーワールド、二〇〇七年（抄録）

山中倫代（やまなか・みちよ／旧姓・森田）
一九九三年、アドベンチャーワールドに入社。永明、蓉浜、梅梅、良浜、雄浜の飼育を担当。現在はグループ会社のアワーズシステム株式会社に所属、AWS動物学院にて教務を担当。

熊川智子（くまかわ・ともこ）
一九九三年、アドベンチャーワールドに入社。飼育部ふれあい課課長。永明・良浜・隆浜・秋浜・幸浜・海浜・陽浜・優浜・桜浜・結浜の十頭の飼育を担当。

神戸にパンダがやってきた／書き下ろし

奥乃弘一郎（おくの・こういちろう）
一九五二年、兵庫県生まれ。神戸市役所の職員となり、九七年、王子動物園の動物病院主査に配属。二〇〇〇年三月、臥龍の中国パンダ保護研究センターの研修に派遣され、中国野生動物保護協会との共同研究を開始。同年七月、タンタンとコウコウを迎える。飼育係長、副園長を経て、一二年から専門員として、ジャイアントパンダの日中共同研究に携わる。

ジャイアントパンダ考原論／「パブリッシャーズ・レビュー白水社の本棚」二〇一四年冬号

土居利光（どい・としみつ）
一九五一年、東京都生まれ。日本パンダ保護協会会長。七五年、東京都の職員となり、環境局生態系保全担当課長、自然公園課長を経て、二〇〇五年から多摩動物公園長、一一年八月〜一七年三月、恩賜上野動物園長。リーリーとシンシンの自然繁殖のために尽力した。首都大学東京客員教授、日本動物園水族館協会会友。共著『野生との共存』など。

パンダの選び方／書き下ろし

福田豊（ふくだ・ゆたか）

一九五九年、東京都生まれ。八四年、東京都の職員となり、葛西臨海水族園長、多摩動物公園長を経て、二〇一七年四月から恩賜上野動物園長。二〇一〇年に中国のジャイアントパンダ飼育場所を視察、リーリーとシンシンを選んだ。日本動物園水族館協会会長、日本博物館協会理事、国立科学博物館評議員。

第3章　パンダを守る

日本パンダ保護協会の活動／書き下ろし

斉鳴（さい・めい）

一九六四年、中国・成都生まれ。九七年に来日。二〇〇二年十月、日本パンダ保護協会を設立、事務局長に就任。書籍『パンダ育児日記』、『パンダの里から』、『リーリーとシンシン』（ともに中国パンダ保護研究センター・日本パンダ保護協会編）の企画・翻訳を手がける。四川省臥龍の中国パンダ保護研究センターに毎年二回以上訪れている。

四川大地震を乗り越えて／書き下ろし

張志忠（ちょう・しちゅう）

一九六二年、内モンゴル生まれ。東北林業大学大学院野生動植物保護及び利用専攻修了、修士号取得、八四年から、中国パンダ保護研究センターでパンダの研究・保護に関わる仕事を経て、中国国家林業局保護司副司長、中国パンダ保護研究センター党書記。

【座談会】上野動物園でシャンシャンが誕生！　――パンダの未来へ／新規（二〇一七年十一月二日収録）

廣田敦司（ひろた・あつし）

一九七九年、兵庫県生まれ。二〇〇四年、恩賜上野動物園飼育課の職員となり、おもに爬虫類および夜行性哺乳類の飼育を担当。一〇年から同園調整係でリーリーとシンシンの受け入れの業務に携わる。その後、大島公園動物園勤務を経て、一四年からリーリーとシンシンの飼育を担当。一六年四月からパンダ班班長。

［写真提供］
p.75、81、103、110、115、117：時事通信フォト
p.94：共同通信社
p.153、155、157、160：アドベンチャーワールド
p.178：高氏貴博
p.185、188、214、225、231、239：（公財）東京動物園協会

＊本文図版中、特に表記のないものはすべて著者による。

［編集付記］

・再録原稿については、明らかな誤植と思われる箇所は訂正し、
難読と思われる漢字にはルビを付した。
人名、地名などは各篇ごとに表記を統一した。

・本文中の肩書については、原則として発表当時のものとした。

・再録原稿については、新たに写真を加えたものもある。

読むパンダ
黒柳徹子・選／日本ペンクラブ・編

2018年 1月10日 印刷
2018年 1月30日 発行

発行者 及川直志
発行所 株式会社白水社
〒101-0052
東京都千代田区神田小川町3-24
電話 営業部 03-3291-7811
編集部 03-3291-7821
振替 00190-5-33228
http://www.hakusuisha.co.jp

印刷所 株式会社三陽社
製本所 誠製本株式会社

乱丁・落丁本は、送料小社負担にてお取り替えいたします。

ISBN978-4-560-09595-9
Printed in Japan